U0186210

时间的秩序

THE ORDER OF TIME

CARLO ROVELLI

［意］卡洛·罗韦利　著

杨光　译

湖南科学技术出版社　　博集天卷
CS-BOOKY

关于作者

卡洛·罗韦利是一位理论物理学家，为时空物理学做出了重要贡献。他曾在意大利和美国工作，目前在法国马赛理论物理研究中心主持量子引力研究项目。他所著的《七堂极简物理课》与《现实不似你所见》被译成四十一种语言，畅销全球。

献给埃内斯托、比洛和爱德华多

目录

除非特别说明，每章开头的诗均出自贺拉斯（Horace）*的《颂歌集》（*Odes*），由朱利奥·加莱托（Giulio Galetto）翻译，并刊载于一本名为 *In questo breve cerchio* 的精美的小册子上（Edizioni del Paniere，Verona，1980）。

---

* 古罗马诗人，文艺理论家。

也许时间是最大的奥秘

即使我们正在说的话

也已被窃贼时间

悄悄偷走

一去不返

我停下来，什么也不做。什么也没有发生。我什么也不去想。我聆听时间的流逝。

这就是时间，熟悉又亲密。我们任它带领。秒、时、年的洪流将我们投向生命，又把我们拖向虚无……我们栖居于时间之中，就如鱼在水中。我们的存在，就是在时间中存在。它庄严的乐曲滋养了我们，向我们打开整个世界，也困扰我们，让我们惶恐，又让我们平静。在时间的牵引下，宇宙在未来中展开，并依照时间的秩序而存在。

印度神话用湿婆舞蹈的神圣形象来描绘宇宙之河：他的舞蹈支撑着宇宙的进程；它本身就是时间的流动。还有什么比这种流动更普遍、更明显的呢？

然而事情远比这要复杂，现实常常不似你所见。地球看起来是个平面，实际上是个球体；太阳看似在天上旋转，但其实旋转的是我们。时间的结构也并不像它看起来那样，它并不是均匀统一地流动。我在大学的物理课本中读到这点时，感到极其震惊：时间运行的方式竟与它看起来截然不同。

　　在那些书里我也发现，我们仍然不清楚时间到底是怎么运行的。时间的本质也许是最大的未解之谜。奇特的线索把它与其他公认的伟大奇迹联系在一起：思维的本质，宇宙的起源，黑洞的命运，地球上生命的运行。有一些重要的东西一直在将我们拉回时间的本质。

　　惊奇是我们对知识的渴望的源泉，发现时间不同于我们所想引出了许许多多问题。时间的本质一直是我理论物理研究工作的核心问题。在下面的内容中，我会叙述我们已经理解的关于时间的内容，以及为了更好地理解它，我们所遵循的研究路径。我也会叙述我们尚未理解的，以及在我看来我们刚刚开始瞥见的内容。

　　为什么我们记得过去，而非未来？是我们存在于时间之内，还是时间存在于我们之中？说时间"流逝"到底意味着什么？是什么把时间与我们作为人的本性，与我们的主观性联系在一起？

　　当我倾听时间的流逝时，我到底在倾听什么？

这本书被分为三个不同的部分。在第一部分，我会总结现代物理学已经理解的关于时间的内容。这就像手握一片雪花，在你研究它的同时，它逐渐在你指间消融，最终消失。我们通常认为时间是很简单、很基础的东西，均匀流逝，独立于其他事物，从过去流向未来，能用钟表度量。在时间的进程中，宇宙中的事件以有序的方式次第发生：过去、现在、未来。过去是既定的，未来是开放的……然而这一切都被证明是错的。

时间的典型特征接连被证明只是各种近似，是由于我们的视角而产生的错误，就像我们从前以为地球是平的或太阳绕着我们旋转一样。我们知识的增长导致了时间概念的逐渐瓦解。我们所说的"时间"是一个多结构、多层次的集合。[1]经过更多、更深入的研究，时间逐渐失去一个又一个层次。本书的第一部分会描述时间的这种崩塌。

第二部分描绘了我们还剩下什么：一片大风刮过的空白，几乎失去了时间的所有痕迹。一个奇怪、陌生的世界，然而仍然是我们栖居的这个世界。就像抵达高山，除了雪、岩石和天空什么都没有，或者就如阿姆斯特朗和奥尔德林在月球静止的沙地上的冒险。一个被剥离至本质的世界，闪耀着荒芜与恼人的美。我研究的物理学方向——量子引力尝试去理解这极端又美丽的景象，并赋予其自洽的意义。为这个没有时间的世界。

本书的第三部分是最困难的，但也是最重要的，因为这部分与我们联系最紧密。在一个没有时间的世界，肯定有什么东西导致了我们熟悉的时间的产生，以及它的秩序，让未来不同于过去，让它平滑流动。我们的时间肯定会以某种方式出现在我们周围，至少是因为我们而生，也依循我们的尺度。[2]

这是一趟返程之旅，朝向本书第一部分追寻世界基本原理时丢失的时间。就像一部犯罪小说，我们正在搜寻其中的罪犯：创造时间的元凶。我们一个接一个地发现我们所熟知的时间的组成部分，现在它们再也不是现实的基本结构，而是由我们这些笨拙又终有一死的生物做出的有用近似：也许是我们的视角决定了我们是什么。因为和宇宙相比，时间之谜也许从根本上说与我们自身关系更为密切。也许，就像第一个、也是最伟大的侦探故事——索福克勒斯（Sophocles）的《俄狄浦斯王》那样，罪犯就是侦探本人。

这本书的观点就像一团炙热的岩浆，有时颇富启发性，有时让人困惑。如果你决定跟随我，我会把你带到我们对时间所知的最远处，抵达辽阔夜空的边缘，以及繁星点点的未知之海。

第 一 部 分

时间的崩塌

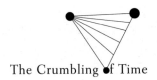

The Crumbling of Time

1　统一性的消失

> 爱的舞蹈交织
>
> 如此优雅的女子
>
> 在这清澈的夜晚
>
> 被月光照亮

时间的延缓

让我们从一个简单的事实开始：时间的流逝在山上要比在海平面快。

这一差别非常小，但可以用精密的计时器测量出来，如今这种计时器在网上花几千镑就可以买到。经过练习，任何人都能观察到时间的延缓。使用专业实验室里的计时器，即使海拔只相差几厘米，也可以观测到时间的延缓：放在地板上的钟表走得要比桌上的钟表稍微慢一点。

变慢的不只是钟表，在较低的位置，所有进程都变慢了。两个好朋友分别后，一个在平原生活，另一个住进山里。几年之后他们再见面，在平原上生活的这位度过的时间更少，变老得更慢，他的布谷鸟报时钟的机械装置振动的次数更少。他可以用来做事的时间更少，他种的植物长得更慢，思绪得以展开的时间更少……时间在较低位置比较高位置要少。

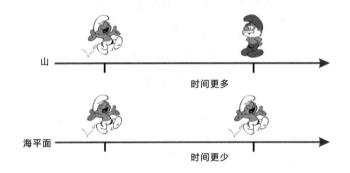

这让人感到惊讶吗？也许吧。但世界运行的方式就是如此。在一些地方，时间流逝得慢一些，在另一些地方则快一些。

也许真正令人惊叹的地方在于，在我们有足够精密的钟表来测量时间延缓之前的一个世纪，就有人了解了这一切。这个人的名字，当然就是阿尔伯特·爱因斯坦。

先于观察就理解某种事物的能力，是科学思想的核心。在古代，阿那克西曼德明白天空在我们脚下仍然延续，远早于轮船能够环游地球。现代伊始，哥白尼就明白是地球在转动，远早于宇航员从月球上看到这一事实。与之类似，在钟表的发展精确到足以测量出时间以不同速度流逝之前，爱因斯坦就意识到，时间在不同地方的流逝是不均匀的。

在进步的历程中，我们认识到，一些看似不证自明的事，实际上仅仅是偏见。天空在我们之上而非之下，这似乎显而易见，不然地球就会坠落。地球静止不动似乎是不言而喻的，否则它就会让一切都撞毁。时间在任何地方都以同样的速度流逝，对我们来说也同样是显而易见的……孩子会长大，发现小时候从四壁之家望出去看到的并不是世界的全貌，作为共同体的人类也是一样。

爱因斯坦问了自己一个问题，在我们学习引力时，这一问题也许同样困扰过我们：太阳与地球没有相互接触，它们之间也没有任何东西可借助，那么它们是怎样相互"吸引"的呢？

他找到了一个合理的解释，猜想太阳和地球并没有直接相互吸引，而是分别对它们之间的事物产生作用。既然在它们之间存在的只有空间与时间，他猜想太阳和地球都改造了周围的空间和时间，就像一个物体浸入水中会把周围的水排开。对时间结构的改造进而影响了物体的运动，使得它们"落"向彼此。（这是广义相对论的精髓。）

"对时间结构的改造"是什么意思呢？它指的就是上文

提到的时间的延缓：物体会使它周围的时间变慢。地球是个庞然大物，会使其附近的时间变慢。这种效应在平原处更明显，在山上要弱一些，因为平原更近。这就是在海平面高度居住的人衰老得慢一些的原因。

物体下落就是由于这一时间的延缓。在时间流逝一致的地方，比如星际空间，物体不会下落，它们会浮在空间中。而在我们的星球表面，物体会自然倾向于向时间流逝更慢的地方运动，就像当我们从沙滩往大海奔跑时，腿上水的阻力会让我们向前方跌进海浪里一样。物体会下落，是由于在较低的位置，时间被地球减慢了。[1]

因此，即便我们无法轻易观测到，时间的延缓仍然有着极其重要的影响：物体下落源于此，因此我们才可以坚实地站在地面上。如果我们的双脚可以牢牢地站在地面上，那是因为我们的身体自然倾向于待在时间流逝更慢的地方——并且与你的头部相比，你脚部的时间流逝得更慢。

这听起来很奇怪吧？这就像是观看日落，当太阳缓慢地消失在遥远的云层背后时，我们猛然记起，运动的并非太阳，而是地球。我们用错乱的眼神看着整个星球——以及我们自己——向后旋转，远离太阳。我们用"疯狂的"眼睛看世界，就像保罗·麦卡特尼歌里那个山顶上的傻瓜（*The Fool on the Hill*）：比起我们平常模糊的视野，有时疯狂的视角看得更远。

一万个舞蹈的湿婆

我对阿那克西曼德怀有持久的热情。这位两千六百年前的哲学家意识到地球浮在空中，并没有什么东西支撑着它。[2]我们是从其他作家笔下得知阿那克西曼德的思想的，因为他的作品只有一个小片段留存下来，只有这一段：

> 万物的产生由它而来，万物的灭亡也归复于它，这源于必然性。因为万物遵循时间的秩序，将公平赋予彼此，互相补偿彼此间的不公平。

"遵循时间的秩序"。源自自然科学最古老、最重要的时刻之一，流传下来的只有这些晦涩、神秘却响亮的文字，也就是"时间的秩序"。

按照阿那克西曼德给出的重要指引：通过理解现象如何按照时间的秩序发生，天文学与物理学发展起来。在古代，天文学描述星体在时间中的运动；物理方程描述事物在时间中如何改变。从建立力学基础的牛顿方程，到描述电磁现象的麦克斯韦方程组；从描述量子现象如何演化的薛定谔方程，到描述亚原子粒子动力学的量子场论方程：整个物理学乃至科学，都在讲述事物是如何按照"时间的秩序"演化的。

用字母 t 表示方程中的"时间"是一直以来的惯例（在意大利语、法语、西班牙语中，表示时间的单词都以 t 开头，但在德语、阿拉伯语、俄罗斯语、汉语中不是）。这个 t 是什么含义呢？它表示钟表的计数。方程告诉我们，随着钟表所测量的时间的流逝，事物如何改变。

但如果不同的时钟记录着不同的时间，正如我们在前文中所见，那么 t 表示什么呢？如果两个朋友一个住在山里，一个住在海平面附近，当他们再见面时，他们腕上的手表会显示不同的时间。那么这两个时间哪个是 t ？在物理实验室中，桌上的表和地上的表以不同的速度运转，我们要以哪只表为准？我们如何描述它们之间的差别？我们应该说，相对于桌上的表所记录的真实时间，地上的表走得慢了？还是说，桌上的表走得比地上的表记录的真实时间要快呢？

这个问题是没有意义的。也许我们可以问什么是最真实的——是在美元中英镑的价值，还是在英镑中美元的价值。并没有"更真实"的价值：它们只是两种货币，有着相对于彼此的价值。也不存在更真实的时间。存在的是两个时间，相对于彼此在变化。没有哪一个比另一个更真实。

但并不是只有两个时间，时间有很多：空间中的每个点都有不同的时间。并不是只有单一的时间，而是有非常非常多。

在物理学中，一个特定时钟测量的特定现象中的时间称为"固有时"（proper time）。每个钟都有其固有时。每个出现的现象都有其固有时，有它自己的节奏。

爱因斯坦提出了描述固有时相对于彼此如何演化的方程。他为我们演示了如何计算两个时间之间的差别。[3]

单一量"时间"消融于时间之网中。我们并不描述世界在时间中演化的方式：我们描述的是事物在当地时间（local time）中演化的方式，以及当地时间相对于彼此如何演化。世界并不像一个指挥官指挥着一个排的士兵同时前进，它是一个由彼此影响的事件组成的网络。

这就是爱因斯坦的广义相对论所描绘的时间的样子。他的方程中不存在单一的"时间"，而是有无数的时间。两个事件之间经历的时间并不是单一一个时间，就如同两个先分开再放到一起的时钟。[4]物理学并不描述事物"在时间中"如何演化，而是描述事物在它们自己的时间中如何演化，以及"时间"相对于彼此怎样演化。*

---

* "时间"一词有好几种含义，彼此相关，但又有所区别：1."时间"是事件依序发生的普遍现象（"时间无声的脚步"）；2."时间"表示连续事件的间隔（"明天，明天，再一个明天，一天接着一天蹑步前进，直到最后一秒钟的时间"）；3.其持续时长（"哦，先生们，人生苦短"）；4."时间"也可以表示一个特定的时刻（"那一刻终会到来，把我的爱人带走"），通常是当下的时刻（"现在很混乱"）；5."时间"表示衡量持续时间的变量（"加速度是速度对时间的导数"）。在本书中，我自由地使用这些含义，就像平常使用的那样。如果有任何混淆，请查阅这条注释。——作者注

时间已经丢失了它的第一个方面或者说第一层：其统一性。在不同地方，它有着不同的节奏，在此处与在彼处的流逝并不相同。这个世界的事物交织在一起，以不同的韵律舞蹈。如果世界是由舞蹈的湿婆支撑着，那一定有一万个这样舞蹈的湿婆，就像马蒂斯（Matisse）画作中的舞蹈形象一样……

2　方向的消失

如果比移动树木的俄耳甫斯

更轻柔

你会去拨动齐特琴

生命的源泉不会逆转

回到徒劳的暗影……

命运残酷

但其负担变轻了

因为一切回头的尝试

都是徒劳

永恒的激流来自何处？

在山上和平原上，时钟也许以不同的速度运行着，但关于时间，这真是与我们最息息相关的一点吗？一条河里，离岸边近的地方水流得较慢，河中间要快一些——但河水仍然在流动着……时间不也是从过去到未来，一直在流逝吗？上一章中，我们曾深入思考过时间流逝的精确测量——时间的计数问题，但让我们先将这个问题搁置一旁。关于时间，有另一个更为重要的方面：它的路径，它的流动，里尔克《杜伊诺哀歌》第一首中那永恒的激流：

> 永恒的激流始终席卷着一切在者，
>
> 穿越两个领域，并在其间湮没它们。

过去与未来有别。原因先于结果。先有伤口，后有疼痛，而非反之。杯子碎成千片，而这些碎片不会重新组成杯子。我们无法改变过去，我们会有遗憾、懊悔、回忆。而未来是不确定性、欲望、担忧、开放的空间，也许是命运。我们可以向未来而活，塑造它，因为它还不存在。一切都还有可能……时间不是一条双向的线，而是有着不同两端的箭头。

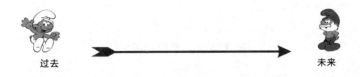

过去　　　　　　　　　　　　　　　　未来

对我们影响最大的是时间的这一特征，而非其流逝的速度。这是关于时间最基本的一件事。时间之谜在于我们可以感知到的脉搏的跳动，在于内心深处的记忆之谜，以及对未来的担忧。这就是思考时间的意义。这种流动究竟是什么呢？在世界的基本法则中，它居于何处？在世界的运行机制中，把已经存在的过去与尚未存在的未来区别开的，是什么呢？对我们来说，过去与未来为何如此不同？

19世纪与20世纪的物理学就在讨论这些内容，并且遇到了一些意想不到、令人困惑的问题。与之相比，时间在不同地方以不同速度流逝倒显得不那么重要。在描述世界机制的基本法则中，过去与未来、原因与结果、回忆与希冀、遗憾与目标……它们之间的差别并不存在。

热量

一切都源于一次弑君。1793年1月16日，法国的国民公会判处路易十六死刑。反抗也许根植于科学的最深处：拒绝接受当前事物的秩序。[1]其中做出重大决定的是罗伯斯庇尔（Robespierre）的一个朋友，名叫拉扎尔·卡诺（Lazare Carnot）。卡诺非常喜爱伟大的波斯诗人萨迪·设拉兹（Saadi Shirazi）。设拉兹在阿卡*被十字军俘虏并奴役，但

---

* Acre, 以色列北部港口城市, 在地中海沿岸。

他的光辉诗句现在竖立于联合国总部的入口处：

> 亚当子孙皆兄弟，兄弟犹如手足亲。
>
> 造物之初本一体，一肢罹病染全身。
>
> 为人不恤他人苦，不配世上枉为人。

而诗歌也许是科学的另一个源头：能够看见不可见之物。卡诺给他的大儿子取名萨迪。萨迪·卡诺（Sadi Carnot）诞生于诗与反抗之中。

萨迪·卡诺年轻时对蒸汽机充满热情。19世纪伊始，蒸汽机利用火推动机器运转，进而开始改变世界。1824年，他写了一本小册子，标题很吸引人，叫《论火的动力》，试图阐明这些机器运转的理论基础。这本短小的专著中包含一些错误的假设：他假设热量是一种有形的实体——一种流体，从高温物体"下落"到低温物体时会产生能量，就像瀑布的水从高处落到低处时会产生能量一样。其中包含一个关键性的概念：归根结底，蒸汽机运转是由于热量从高温物体传到低温物体。

萨迪的小册子传到了一位目光如炬、严格苛刻的普鲁士教授手里，这位教授的名字是鲁道夫·克劳修斯（Rudolf Clausius）。他在紧要关头抓住了问题的根本，阐述了一条注定留名的定律：如果周围没有任何变化，热量就不可能从低温物体传到高温物体。

此处的关键点在于其与物体下落时的区别，例如，一个球可能会下落，但它也会反弹回来，热量则不然。

这是唯一一条能够把过去与未来区分开的物理定律。

其他任何一条定律都无法做到这一点。掌管力学世界的牛顿定律不行，描述电与磁的麦克斯韦方程组不行，爱因斯坦相对论的引力方程不行，海森堡、薛定谔、狄拉克的量子力学方程也不行，描述基本粒子的 20 世纪物理学还是不行……这些方程都无法把过去与未来区别开。[2]如果这些方程允许一系列事件发生，那么也会允许这一系列事件在时间上的逆过程发生。[3]在世界的基本方程中[4]，仅仅在有热量的地方，时间之矢才会出现。*因此时间与热量的联系是根本性的：每当过去与未来的差别显现，都会有热量参与其中。如果一个过程倒过来看很荒谬，那么一定有东西被加热了。

如果一段影片中有一只球在滚动，我无法分辨影片是正

---

* 严格来讲，时间之矢也可以出现在与热量非直接相关、但有重要联系的现象中，比如电动力学里的推迟势。后面讨论的内容对这些现象也适用，特别是结论。此处我并没有进行过多讨论，而是把它分成几种不同的特例。——作者注

常放映还是在倒放。但是如果球停了下来，我就知道是正着播放的。倒放的话，这就是不可能发生的事：球自己动起来了。球减速到最终静止下来，是由于摩擦，摩擦生热。只有在有热量的地方，才会有过去与未来的差别。例如念头，从过去延展至未来，而非反之——实际上，思考也会在我们的大脑中产生热量。

克劳修斯引入了一个量，来度量热量的单向不可逆过程。由于他是个很有学识的德国人，他用了古希腊语"熵"为之命名：

> 我喜欢用古代的语言来给重要的科学量命名，这样它们就不会在现在依然在使用的各种语言中发生变化。因此我建议把物质的这个量命名为"熵"，在希腊语中意为"转化"。

克劳修斯的"熵"用字母 S 表示，是个可测量也可计算[5]的量，在孤立系统中会增加或保持不变，但永不减少。为了表示它永不减少，我们可以这样写：

$$\Delta S \geq 0$$

读作"Delta S 永远大于或等于零"，我们把它称为

"热力学第二定律"

（热力学第一定律是能量守恒定律）。其核心在于热量只能从高温物体传到低温物体，而非反过来。

请原谅我写了这个方程——这是本书中唯一一个方程。它是时间之矢的方程，我忍不住要把它加进这本关于时间的书里。

390

so erhält man die Gleichung

$$(64) \quad \int \frac{dQ}{T} = S - S_0,$$

welche, nur etwas anders geordnet, dieselbe ist, wie die unter (60) angeführte zur Bestimmung von S dienende Gleichung.

Sucht man für S einen bezeichnenden Namen, so könnte man, ähnlich wie von der Gröfse U gesagt ist, sie sey der *Wärme- und Werkinhalt* des Körpers, von der Gröfse S sagen, sie sey der *Verwandlungsinhalt* des Körpers. Da ich es aber für besser halte, die Namen derartiger für die Wissenschaft wichtiger Gröfsen aus den alten Sprachen zu entnehmen, damit sie unverändert in allen neuen Sprachen angewandt werden können, so schlage ich vor, die Gröfse S nach dem griechischen Worte ἡ τροπή, die Verwandlung, die *Entropie* des Körpers zu nennen. Das Wort *Entropie* habe ich absichtlich dem Worte *Energie* möglichst ähnlich gebildet, denn die beiden Gröfsen, welche durch diese Worte benannt werden sollen, sind ihren physikalischen Bedeutungen nach einander so nahe verwandt, dafs eine gewisse Gleichartigkeit in der Benennung mir zweckmäfsig zu seyn scheint.

Fassen wir, bevor wir weiter gehen, der Uebersichtlichkeit wegen noch einmal die verschiedenen im Verlaufe der Abhandlung besprochenen Gröfsen zusammen, welche durch die mechanische Wärmetheorie entweder neu eingeführt sind, oder doch eine veränderte Bedeutung erhalten haben, und welche sich alle darin gleich verhalten, dafs sie durch den augenblicklich stattfindenden Zustand des Körpers bestimmt sind, ohne dafs man die Art, wie der Körper in denselben gelangt ist, zu kennen braucht, so sind es folgende sechs: 1) der *Wärmeinhalt*, 2) der *Wärme- und Werkinhalt* oder die *Energie*; 4) der *Verwandlungswerth* des Wärmeinhaltes, 5) die *Disgregation*, welche als der Verwandlungswerth der stattfindenden Anordnung der Bestandtheile zu

在文章的这一页中，克劳修斯首次引入了"熵"的概念与用法。方程给出了一个物体熵的变化的数学定义（$S-S_0$）：温度为T时，离开物体的热量dQ的总和（积分）

在基础物理学中，这是唯一一个能够表明过去与未来有所区别的方程，唯一一个涉及时间流动的方程。在这非同寻常的方程背后，整个世界隐匿其中。

揭示它的重任落在了一个不幸却富有魅力的奥地利人身上，他是一个钟表匠的孙子，一个悲情又浪漫的人物——路德维希·玻尔兹曼（Ludwig Boltzmann）。

模糊

玻尔兹曼发现了 $\Delta S \geq 0$ 这个方程背后的含义，在理解世界的基本原理的过程中，他把我们带入了最令人困惑的探究。

玻尔兹曼先后工作于格拉茨、海德堡、柏林、维也纳，然后又回到格拉茨。他喜欢把这种漂泊的生活归因于自己在狂欢节期间出生。他并没有开玩笑，因为他的性格真的很不稳定，总在快乐与抑郁之间摇摆。他又矮又胖，留着深色的鬈发和络腮胡，他的女朋友叫他"我亲爱的甜心小胖"。这位路德维希，就是让时间的方向性倒霉的英雄。

萨迪·卡诺认为热量是一种物质，一种流体。他错了。热量是分子的微观振动。热茶中，分子振动得剧烈；凉茶里，分子振动得没那么剧烈。加热并熔化一块冰，会让分子剧烈地振动，失去它们之间紧密的联结。

19世纪末，仍然有很多人不相信分子与原子的存在。路德维希相信它们存在，并为了他的信仰加入了争论，他对那些怀疑原子存

在的人的抨击堪称传奇。"我们这一代人在心底里都支持他。"多年以后，一位当时尚年轻的量子力学知名人士这样评论道。还有一次在维也纳的会议上，一位知名物理学家反驳他，断言科学唯物主义已死，因为物质规律不遵从时间的方向性。即便是物理学家也难免会胡说八道。*

注视着太阳缓缓落下，哥白尼看到了世界在旋转。凝视一杯水，玻尔兹曼看到原子与分子在剧烈地运动。

我们看着杯中的水，就像宇航员从月亮上看着地球：宁静，闪闪发光，湛蓝。在月球上，无法看到地球上生机勃勃的生命，无法看到植物与动物，无法看到欲望与绝望，只能看到一个蓝色的球体。在一杯水的表面之下，也有着类似的勃勃生机，由无数分子的运动构成——远比地球上的生物更多。

这种扰动让一切都动了起来。如果某个区域的分子是静止的，就会被附近疯狂的分子带动，也运动起来：振动会传播，分子之间相互碰撞。这样，低温物体与高温物体接触后就被加热了：低温物体的分子被高温物体的分子推动，躁动起来。它们升温了。

热振动就像在不停地洗一副牌：如果牌是按顺序排列的，洗牌的过程就会把顺序打乱。这样，通过洗牌——借助

---

* 本段中量子力学知名人士指阿诺德·索末菲（Arnold Sommerfeld）；知名物理学家指威廉·奥斯特瓦尔德（Wilhelm Ostwald）。

万物自发的无序化，热量就从高温物体传向了低温物体，而非反之。熵的增加只不过是普遍又常见的无序的自然增长。

这就是玻尔兹曼领悟到的内容。过去与未来的区别不在运动的基本规律里，也不在自然的深层法则中。是自然的无序化导致了越来越非特定、不特殊的情形。

这是个极其敏锐的直觉，而且十分正确。但这真的阐明了过去与未来的区别吗？并没有，这只是转换了问题而已。问题现在变成了：在时间的两个方向之中，为什么我们称之为过去的这个，其事物更有序？宇宙这副牌，为什么在过去是更有序的？为什么在过去，熵要更低一些？

如果我们观测一个现象，它在开始时处于熵较低的状态，那么它的熵会增加的原因很明显——在洗牌的过程中，一切都变得无序了。但为什么我们在宇宙中观测到的现象最初都处在熵较低的状态呢？

现在我们来到了关键之处。如果一副牌的前二十六张都是红色的，后二十六张都是黑色的，我们就把这些牌的排列称为"特殊的""有序的"。洗牌之后，顺序就消失了。最初有序的排列就是"低熵"的排列。但是请注意，如果我们观察的是牌的颜色——红或黑，那么它是很特殊的，因为我们正把注意力放在牌的颜色上。如果前二十六张牌都是红桃和黑桃，那么这种排列也很特殊。或者都是奇数，或者是这副牌里最褶皱的二十六张，又或者是与三天前完全相同的二十六张牌……或者它们有其他共同点。仔细思考，如果我们观察其全部细节的话，每一种排列都是特殊的，每一种排列都是独一无二的，因为每一种排列都有其独特的一面。就如同对母亲而言，她的孩子都是独一无二的。

如此看来，只有当我把目光聚焦于牌的特定方面时（在这个例子中是颜色），"某些排列比另一些更特殊"的概念才有意义（比如二十六张红色的牌，然后是二十六张黑色的牌）。如果我们从各个方面对牌进行区分，那所有排列就都是等价的：没有哪个比其他的更特殊。[6]只有当我们以一种模糊与近似的方式看待宇宙的时候，"特殊性"的概念才会出现。

玻尔兹曼说明了熵之所以会存在，是因为我们以一种模糊的方式描述世界。他证明了熵就是我们模糊的视野无法区分的不同排列的数量。热量、熵、过去的低熵都是近似地、统计性地对自然进行描述的概念。

过去与未来的区别与这种模糊有深刻的联系。如果我把世界微观状态的全部细节纳入考虑，那么时间流动的特征会消失吗？

是的。如果我去观测事物的微观状态，那么过去与未来的区别就会消失。比如，未来的世界由现在的状态所决定，过去也是如此。[7]我们经常说原因先于结果，然而在事物的基本层面，"原因"与"结果"之间没有区别。（这一点将会在第11章中更详细地谈到）规律，也就是我们所说的物理定律，联系着不同时间的事件，但在过去与未来之间，它们是对称的。在微观描述中，说过去与未来不同是没有意义的。*

这就是玻尔兹曼工作中出现的令人不安的结论：过去与未来的区别只适用于我们对世界模糊的观察。这个结论让我们目瞪口呆：一种如此清晰、基本、存在的感觉——对时间流逝的感觉——真的有可能源于我无法认识世界的全部细节吗？是由于我们的短视产生的扭曲？如果我可以清楚地看到数百万分子的真实舞蹈，那么未来就会和过去一样，这是真的吗？对于过去，我了解的与不了解的，与未来同样多，这可能吗？即使把我们对世界的感知经常出错这个事实考虑进来，世界真的与我们感知的如此迥异吗？

这一切从根本上动摇了我们通常对时间的理解方式。这引起了怀疑，就像发现地球的运动那样。但和地球的运动一样，证据是无可辩驳的：一切与时间流逝有关的现象都被还原为过去的一个"特定"状态，而这个状态的"特殊性"很可能是由于我们模糊的视野。

---

* 此处想要说明的是，对放在一杯热茶里的凉茶匙而言，它会出现的现象并不取决于我的视野是否模糊。茶匙和其中分子会出现的情况，很明显与我怎样观察它无关。它就这样自然发生了。要点在于，对热量、温度、热量从茶到茶匙的流动的描述，是对所发生事情的一种模糊观察，而且只有在这一模糊的观察中，过去与未来的显著差别才会呈现。——作者注

后续我会深入探讨这种模糊的奥秘，看一看它与宇宙最初奇特的不可能性之间如何紧密相关。现在，我要以这个令人难以置信的事实做结尾——正如玻尔兹曼所充分了解的那样——熵仅仅是我们模糊的视野无法识别的微观状态的数量。

精确表述这一点的方程[8]刻在玻尔兹曼位于维也纳的墓碑上，大理石半身像把他刻画成严肃乖戾的形象，而我并不相信他曾是如此。许多年轻的物理系学生去拜访他的墓地，在那里徘徊与沉思，古怪的物理学老教授有时也会这样做。

时间失去了又一个重要组成部分：过去与未来的本质区别。玻尔兹曼明白时间的流逝并不具有实在性。那只是在过去的某一点上，宇宙神秘的不可能性的模糊映象。

里尔克诗中永恒激流的源头也是这个。

二十五岁就被任命为大学教授；在成功的巅峰受到君主的接见；被不理解他观点的学术界主流严厉批评；总是在热情与忧郁间摇摆不定——"亲爱的甜心小胖"，路德维希·玻尔兹曼，以上吊的方式结束了自己的生命。

在的里雅斯特*附近的杜伊诺，他终结了自己的生命，那时他的妻女正在亚得里亚海中游泳。

几年以后，就是在这个地方，里尔克写出了他的《杜伊诺哀歌》。

---

*　Trieste，意大利东北部港口城市，在亚得里亚海岸边。

3 当下的终结

敞开

向这春天

轻柔的微风

寂静季节中

封藏的冰冷

与回到大海的航船……

现在

我们必须编织花冠

装扮头顶

速度也会延缓时间

在搞清楚质量可以延缓时间*这件事的十年之前，爱因

---

* 此处指"广义相对论"。——作者注

斯坦就意识到，时间会被速度延缓*。就对时间基本的直觉上的感知而言，这个发现是最具毁灭性的。

这件事本身很简单。在第1章中，我们把两个朋友分别送到山里和平原上，现在让他们一个静止不动，另一个四处走动。对于不停运动的人，时间流逝得更慢。

和以前一样，这对好友会经历不同长度的时间间隔：运动的那个衰老得慢一些，他的表走的时间少一些；他可以用来思考的时间更少；携带的植物要更久才能发芽；等等。因为对于一切运动的物体，时间流逝得都要慢一些。

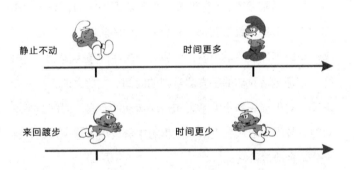

静止不动　　　　　　　　时间更多

来回踱步　　　　　　　　时间更少

要想观测到这一效应，必须非常快地运动才行。20世纪70年代，人们在飞机上使用精密的钟表，首次观测到这种效应。[1]飞机上的钟表显示的时间落后于地上的钟表。如今，很多物理实验中都能观测到时间的延缓。

---

* 此处指"狭义相对论"。——作者注

在这个故事里，同样是在实际观测到现象以前，爱因斯坦就弄清了时间延缓——在他年仅二十五岁、研究电磁学的时候。

这并不需要很复杂的推理。麦克斯韦方程组很好地描述了电与磁，其中包含着通常的时间变量 t，但有个奇特的性质：如果你以特定的速度运动，那么对你而言，麦克斯韦方程组将不再适用（也就是无法描述你观测到的现象），除非你把时间换成另一个变量 t'。[2]数学家已经知道麦克斯韦方程组这个奇特的性质[3]，但没有人理解其中的含义。爱因斯坦理解了其重要性：t 是当我静止时流逝的时间，静止时事件发生的节奏，就像我自己；t' 是"你的时间"，伴随你一起运动时事件发生的节奏。t 是静止时我的手表测量到的时间，t' 是运动时你的手表测量到的时间。在此之前，没人设想过，对于一块静止的手表和一块运动的手表，时间会是不同的。爱因斯坦从麦克斯韦方程组中解读出了这一点，并且十分认真地对待它。[4]

因此，运动的物体比静止的物体经历更短的时间段：钟表会记录更少的时间，植物会长得更慢，年轻人做白日梦的时间更少。对运动的物体而言，时间会收缩。不仅不同地点没有一个单一的时间——甚至对同一个地点而言，单一的时间都不存在。时间长短只与拥有既定轨迹的物体的运动有关。*

"固有时"不仅与你的位置和与物体的邻近程度有关，还与运动的速度有关。

这个事实本身已经足够奇特，其结果更加惊人。坐稳了，因为我们就要起飞了。

"现在"即空无

在遥远的地方，"现在"正发生些什么呢？比如说，假设你姐姐去了比邻星b——目前发现的这颗距离我们大约四光年的行星，那她"现在"正在比邻星b上做什么呢？

唯一正确的答案是，这个问题没有意义。就好像我们身处威尼斯，却问："这里是北京的哪里？"这样问没有意义，因为如果在威尼斯我用"这里"这个词，我指的是威尼斯的某处，不在北京。

---

* "运动"是相对于什么呢？如果运动只是相对的，我们如何确定是哪两个物体在运动？这个问题已经把很多人搞晕了。(很少给出的)正确答案如下：在空间里，两个钟在某点分开，之后又在同一点会合，运动是相对于这个唯一的参照点的。时空里的A点到B点，两个事件之间只有一条直线：在这条直线上时间最长，相对于这条线的速度会让时间变慢。如果两个钟分开后不再会合到一起，那么问哪个快哪个慢就没有意义了。只有放到一起，才可以比较，它们各自的速度才是个定义完善的概念。——作者注

如果你姐姐在房间里，你想知道现在她在做什么，答案通常很简单：你看看她就知道了。如果她离得很远，你可以给她打个电话问问。但请注意：如果你看到姐姐，你接收到了从她那里传到你眼里的光线——光需要花些时间到你这里，比如说几纳秒——一秒的很小一部分，那么，你并没有看到她现在在做什么，而是看到了她几纳秒以前在做什么。如果她在纽约，你从利物浦打电话给她，她的声音要花几毫秒到你这儿，所以你最多能知道的是你姐姐几毫秒以前在做什么。不过这也许并没有很明显的区别。

然而，如果你姐姐在比邻星b上，光从那里到你这儿要花四年。因此，如果你从望远镜里看到她，或者从她那儿收到无线电信号，你得知的是她四年前在做的事，而不是她现在正在做什么。比邻星b的现在显然不是你通过望远镜看到的，或是通过无线电听到的。

也许你会说，你姐姐现在做的，是从你透过望远镜看到她的时刻起，四年之后将要做的？但并非如此，这也行不通：在你透过望远镜看到她的四年后，在她的时间里，她也许已经返回地球，并且是在未来的十个地球年以后了。（是的，这的确可能！）可是，现在不可能在未来……

也许我们可以这样做：如果十年以前，你姐姐就动身前往比邻星b，并随身带着日历来记录时间的流逝，那我们可以说，现在对她而言，是她记录下的十年过去了的时刻吗？不行，这也行不通：也许当她回到此处时，相对于她的时间过了十年，而相对于此处的时间却过了二十年。那么在比邻星b上，现在到底是何时呢？

事情的真相是，我们需要放弃问这个问题。[5]

在比邻星b上，并不存在一个特定的时刻，与此时此地的当下相对应。

亲爱的读者，暂停一小会儿，让这个结论沉淀一下。在我看来，这是当代物理学得到过的最令人震惊的结论。

去问你姐姐在比邻星b上的哪个时刻与现在相对应，是没有意义的。就像问哪支足球队赢得了篮球比赛冠军，一只燕子赚了多少钱，或是一个音符有多重。这些都是没有意义的问题，因为足球队踢足球，不打篮球；燕子不会忙着赚钱；声音也无法被称重。"篮球冠军"指的是篮球队，而非足球队。收入只涉及人类社会，而非燕子。"当下"的概念涉及与我们邻近的事物，而非远处。

我们的"当下"不会延伸到整个宇宙，它就像我们周围的一个气泡。

这个气泡可以延伸到多远呢？取决于我们限定时间的精确程度。如果用纳秒，"现在"的定义仅有几米；如果用毫秒，那就有几千千米。作为人类，我们对几十分之一秒都很难分辨出来，所以我们可以把整个星球都看作同一个气泡，在谈及现在时，可以认为对我们而言这是同一个瞬间。这就是我们可以做出的最大限度的近似。

存在着我们的过去：在现在所见之前发生的事件。存在着我们的未来：在此时此地我们所见之后会发生的事件。在过去与未来之间，还存在着一个时间段，它既非过去，亦非将来，有一定的长度：火星上是十五分钟；比邻星b上是八年；仙女座星系中有数百万年。这就是延展的现在[6]，也许是爱因斯坦最伟大最奇特的发现。

认为有个定义清晰的"现在"遍存于整个宇宙的观念是个幻觉，是我们根据自身经验做出的不合理的推断。[7]

这就像彩虹触碰到森林的那处交界点。我们认为可以看到它，但走过去寻找时，它却不在那儿。

在行星之间的空间里，如果我要问"这两块石头高度相同吗"，正确的回答应该是这个问题没有意义，因为在整个宇宙中并没有关于"相同高度"的统一概念。如果有两个事件，分别发生在地球和比邻星b上，我问这两个事件是否发生在"同一时刻"，正确答案应该是这个问题没有意义，因为在宇宙中并不存在可以定义的"相同时刻"。

"现在的宇宙"是没有意义的。

不含当下的时间结构

戈尔戈（Gorgo）是拯救了希腊的女人，她发现了一块从波斯运来的用蜡包裹着的写字板，蜡里面隐藏着秘密信息：预先警告希腊人，波斯人将要发起进攻。戈尔戈有个儿子叫普雷斯塔库斯（Pleistarchus），他的父亲是斯巴达王、温泉关之战的英雄——列奥尼达（Leonidas）。列奥尼达是戈尔戈的伯父，是她父亲克利奥米尼斯（Cleomenes）的哥哥。谁与列奥尼达是"同辈"呢？是他儿子的母亲戈尔戈吗？还是他父亲的儿子克利奥米尼斯？如果有人像我一样对他们的家谱感到困惑，这里有张表：

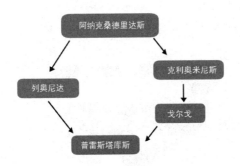

辈分与相对论所揭示的时间结构之间存在着相似之处。与列奥尼达"同辈"的是克利奥米尼斯还是戈尔戈，这样问是没有意义的，因为并不存在唯一一种"同辈"的概念。如果我们说列奥尼达和他的弟弟有同一个父亲，所以他们是同辈的，而列奥尼达和他的妻子有同一个儿子，所以他们是同辈的，我们就会得出结论，戈尔戈和她的父亲是同辈的！子女关系在人与人之间构建了次序[列奥尼达、戈尔戈、克利奥米尼斯在阿纳克桑德里达斯（Anaxandridas）之后，在普雷斯塔库斯之前]，但无法在任意两个人之间构建次序：列奥尼达与戈尔戈，既不在对方之前也不在对方之后。

对于父子关系建立的长幼次序，数学家有个术语：偏序。偏序在特定元素之间建立先后关系，而不是在任意两个元素之间。人类通过父子关系形成一个"偏序"的集合（而非"全序"集合）。父子关系可以建立起次序（子孙以前，祖先之后），但不在任意两人之间。要想了解这个次序如何运作，我们只需考虑一个家谱，就像戈尔戈的这个：

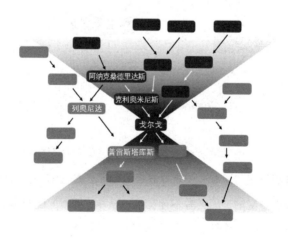

有个由她的祖先组成的圆锥状的"过去"，也有个由她的子孙后代构成的圆锥状的"未来"。那些既非祖先也非子孙的人在圆锥外面。

每个人都有他自己祖先的过去圆锥和子孙的未来圆锥。列奥尼达的圆锥如下所示，在戈尔戈旁边。

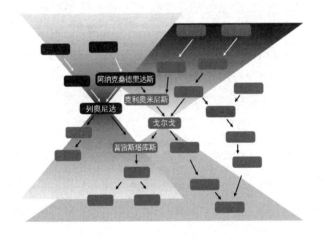

宇宙的时间结构与此非常相似，也由圆锥组成。"时间先后次序"的关系是由圆锥组成的偏序。[8]狭义相对论发现，宇宙的时间结构就像父子关系建立的圆锥那样：它在宇宙事件之间建立起的次序是局部的，而非整体的。延展的现在就是一系列既非过去亦非未来的事件，它确实存在，正如有些人既不是我们的祖先也不是我们的子孙。

如果我们想表示宇宙中的所有事件和它们在时间上的关系，在过去、现在与未来之间做出唯一、统一的区分，这是无法办到的。像这样：

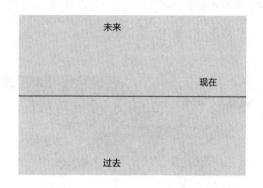

我们必须把事件未来的圆锥放在上面，把事件过去的圆锥放在下面。（物理学家在图表绘制中有这样的惯例，把未来放在上面，过去放在下面，与家谱的方向刚好相反，我也不清楚为何如此。）

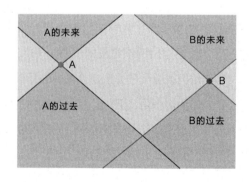

　　每个事件都有过去与未来，以及既非过去亦非未来的部分，就像人人都有祖先、子孙和不属于以上二者的人。

　　光沿着这些圆锥的边线运动，这就是我们称之为"光锥"的原因。在左页下图中，斜线的夹角被画成了45度，这只是一种习惯，让这两条线更水平一些则更贴近实际，像这样：

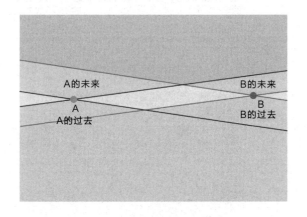

　　这样做的原因在于，在我们习惯的尺度下，把过去与未来分开的延展的现在极其短暂（大约几纳秒），几乎察觉不到，结果就是，它被压扁为一条水平细带，也就是我们通常所说的"现在"，并且没有任何限定条件。

　　简而言之，一个共同的当下并不存在：时空的时间结构并不是像这样的分层：

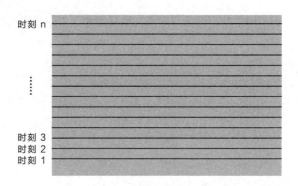

而是完全由光锥组成的结构：

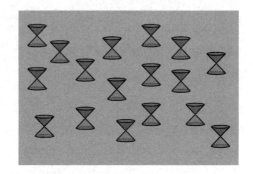

这就是爱因斯坦二十五岁时理解的时空结构。

十年之后，他意识到，时间流逝的速度在不同地方是不一样的。因此时空并没有上图勾勒出的那样有序，而是会被扭曲。现在看起来更像是这样：

例如，当引力波经过时，小光锥就会从右向左一起振动，就像风吹过麦穗。

圆锥的结构甚至可以这样总是朝向未来前进，一个人却可以回到时空中的同一点，如下图：

以这种方式，朝向未来的连续轨迹返回最初的事件，

也就是起点。*[9]第一个意识到这一点的人是库尔特·哥德尔（Kurt Gödel）——20世纪伟大的逻辑学家，爱因斯坦最后的朋友，陪伴他在普林斯顿的街道上散步的人。

在黑洞附近，所有的线会朝它汇集，像这样：[10]

这是因为黑洞的质量把时间减慢到相当慢的程度，以至于在边界处（称作"视界"），时间都静止了。如果近距离观察，会发现黑洞表面与光锥边缘平行。因此，为了从黑洞逃出来，你需要朝着现在运动（像下图中标出的黑色轨迹），而不是朝着未来！

---

*　通过"封闭时间线"，我们可以从未来回到过去，这让有些人感到害怕，他们会设想：一个人可以在出生之前杀死自己的母亲。但封闭时间线的存在或是回到过去这件事在逻辑上并不存在矛盾；是我们把事情搞复杂了，用混乱的幻想混淆了未来的自由。——作者注

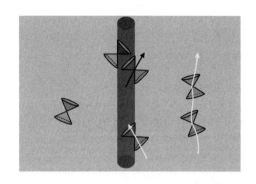

这是不可能的，物体只能朝向未来运动，像图中白色轨迹展示的那样。这就是黑洞的组成：光锥朝向内部倾斜，标记出视界，把未来的一片空间与周围一切隔绝开来。仅此而已。"现在"的奇特结构创造了黑洞。

自从我们认识到"宇宙的现在"并不存在起，已经一百多年过去了。然而这个问题依然困扰着我们，似乎很难被概念化。常常有物理学家反对这一点，试图证明它不是真的。[11]而哲学家继续探讨着"现在"的消失。今天，经常有会议讨论这一主题。

如果"现在"没有意义，那么宇宙中"存在"着什么呢？这里的"存在"不正是"在现在"的意思吗？认为宇宙以特定结构存在于现在，并且伴随着时间流逝而改变，这种观念再也站不住脚了。

4 独立性的消失

在那片海浪上

我们必须航行

所有被地球果实

滋养的人

无事发生时，会发生什么

只需服用几微克致幻药LSD，我们对时间的感知就会扩展到奇妙魔幻的境地。[1]"永恒有多久？"爱丽丝问道。"有时，只有一秒。"兔子答道。有些梦境只持续一瞬间，可梦中的一切都凝固成永恒。[2]以我们的个人体验来看，时间是有弹性的。有时几小时飞逝，就像只过了几分钟；有时几分钟都很缓慢，像几个世纪。另一方面，时间由礼拜的日程组成：大斋期后面是复活节，然后是圣诞节；斋月开始于新月，一直到开斋节。此外，每个神秘体验，比如在敬拜圣

40

体的神圣时刻，会将信徒抛出时间之外，使其接触永恒。在爱因斯坦告诉我们这些不真实以前，我们是怎么知道时间在每个地方都以相同速度流逝的呢？肯定不是我们对时间流逝的直接体验告诉我们，时间在任何地方都一直以相同的速度流逝。那我们是从哪儿知道的呢？

多个世纪以来，我们都把时间按天为单位来划分。"时间"一词，源于印欧语系的词根 di 或 dai，意为"分割"（to divide）。长久以来，我们把每天按小时划分。[3]然而绝大部分时候，小时在夏季要长一些，在冬季短一些，因为不管什么季节，我们都把从黎明到日落的时间记为十二个小时：黎明是第一个小时，日落是第十二个小时，就像我们在《马太福音》里读到的葡萄酒酿造者的寓言。*因此，就像我们现在所说的，黎明与日落之间，夏季会比冬季流逝更多的时间，在夏天每小时要长一些，冬天要短一些。

在古代的地中海地区与中国，日晷、沙漏、水钟就已经存在，但并没有像现在的时钟那样，在组织日常生活时起到如此重要的作用。在欧洲，从14世纪开始，人们的生活才开始由机械钟表管理。城市与村庄建起教堂，在旁边竖起钟楼，放置钟表，来标示集体活动的节奏。由钟表管理的时代开始了。

---

* 《圣经·马太福音》，20:1—16。葡萄酒酿造者雇人做工，早上进葡萄园做工的人和傍晚进去做工的人拿到的钱一样。

时间逐渐摆脱天使的手掌，落入数学家的掌控——就像图中的斯特拉斯堡大教堂的雕像显示的那样，两个日晷分别被天使（受更早的1200年左右的日晷启发）和数学家举起（1400年放置的日晷）。

一般来看，钟表的实用性在于它们可以报出相同的时间，然而这种观点也比我们想象的更为现代。几个世纪以来，只要我们骑马、徒步或坐马车旅行，就没有必要让不同地方的时钟同步。有很好的理由不去这样做。根据定义，所谓正午，就是太阳在最高点的时候。每个城市与村庄都有一个日晷，可以记录下太阳在正中央的时刻，让钟楼上的时钟和它校准，让人们能够看到。但是在莱切、威尼斯、佛罗伦萨或都灵，太阳并不在同一时刻到达最高点，因为太阳自东向西运动。威尼斯先到正午，过一会儿才是都灵，几个世纪以来，威尼斯的时钟都要比都灵的提前半小时。每个小村庄都有自己的"小时"。巴黎的一个火车站保留着属于它自己的时刻，比巴黎的其他地方晚一点，体现出对迟到旅客的善意。[4]

19世纪，电报出现了，火车变得很普遍，也很快捷，城市之间的时钟同步就成了问题。如果每个车站显示的时间都不相同，管理火车时刻表就会很尴尬。标准化时间的首次尝试是在美国。最初人们提议，整个世界确定一个通用时间，比如说，把伦敦的正午时刻称为十二点，这样纽约的正午就在十八点左右。这个提议没有被采纳，因为人们习惯于地方时。1883年，人们达成了一个折中方案，把世界划分为不同的时区，如此一来，就只需在每个时区内标准化时间。这样，时钟的十二点与当地的正午之间最多出入三十分钟。这个提议逐渐在世界各地被采纳，不同城市的时钟开始同步。[5]

在到大学就职以前，年轻的爱因斯坦在瑞士专利局工作，专门处理与火车站时钟同步有关的专利，这不太可能只是一种巧合。也许正是在那儿他得到了启发：同步时钟的问题是无法解决的。

换言之，从我们同意把时钟同步，到爱因斯坦意识到时钟同步是不可能的，这之间没多少年。

时钟出现前的数千年来，我们度量时间的常规方法就只是日夜更迭。白天与夜晚的节奏也调节着动植物的生活。在自然界，每日的节律无所不在，对生命而言必不可少，而在我看来，它或许对地球上生命的起源也起到了至关重要的作用，因为要让机器运转起来，需要给它一个振动。有机生命有不同种类的时钟：分子的、神经元的、化学的、荷尔蒙的——每种都多多少少与其他时钟相协调。[6]即使在单细胞的生化过程中，也有一些化学机制保持着二十四小时的规律变化。

每天的节律变化是我们时间观念的基本来源：夜以继日，日以继夜。我们数着这个伟大时钟的节拍，我们数着每一天。在古代人类的意识里，时间首先是计天数。

不仅计天数，我们也计年，计四季，月亮的轮转，钟摆的摆动，沙漏倒转的次数。这就是传统上我们设想时间的方式：计量事物变化的各种方式。

已知的第一个问出"时间是什么"的人是亚里士多德，他得到的结论如下：时间就是对变化的量度。事物在不停变化，我们以"时间"为量度——对这种变化的计量。

亚里士多德的观点合乎逻辑：时间就是当我们问"何时"时会涉及的东西。"你多久之后回来"表示"你何时回来"。"何时"这个问题的回答涉及将发生的事情。"我会在三天之内回来"表示在离开与归来之间，太阳会在天上循环三次。就这么简单。

如果一切都不改变，一切都不运动，时间会停止流逝吗？

亚里士多德曾相信会。如果一切都不改变，时间也不会流逝——因为时间是我们与事物变化相关联的方式，把我们与天数的计算联系在一起。时间是对变化的量度。[7]如果一切都不改变，时间就不存在。

但是我在静默中听到的流逝的时间，究竟是什么呢？亚里士多德在《物理学》中写道：如果周围一团漆黑，身体几乎什么都感觉不到，但心里有些想法在改变，我们仍然会认为时间在流逝。[8]也就是说，即便我们是在内心里感到时间的流动，也是对一种运动的量度：内在的运动。如果一切都不运动，就没有时间，因为时间仅仅是运动的记录。

牛顿的假设则与此完全相反。在他的代表作《自然哲学的数学原理》一书中，牛顿写道：

> 我没有为时间、空间、位置和运动这些名词下定义，因为它们都是人所熟知的。我只需说明一点，那就是普通人在理解这些量时，只从他们与感觉对象的关系出发，因而产生了某些偏见。为了避开这些偏见，我们不妨把它们区分为绝对的与相对的，真的与似真的，数学的与经验的。

也就是说，牛顿承认一种可以度量天数与运动的"时间"存在，而那也是亚里士多德笔下相对的、似真的、经验的时间。但除此之外，牛顿认为必须存在另一种时间：无论如何都会流逝的"真实的"时间，独立于事物及其变化。就算所有物体都保持不动，甚至我们灵魂的活动都凝滞了，这种时间仍然会流逝——按牛顿的说法——不受任何影响，这就是"真实的"时间。这与亚里士多德的观点截然相反。

牛顿认为，"真实的"时间无法直接触碰，只能通过计算间接地理解。它与计量天数的时间不同，因为"每一天实际上是不平均的，虽然人们通常认为它们都相同，并且用其度量时间。也许宇航员可以用更精确的时间来测量地球的运动，修正这种不平均"。

亚里士多德：时间不过是对变化的量度　　牛顿：即使没有变化，也有时间在流逝

那么到底谁才是正确的呢，亚里士多德还是牛顿？迄

今为止，世界上最富洞察力、影响最为深远的两位自然研究者，对时间提出了截然相反的思考方式。两个巨人把我们引向相反的方向。[9]

是像亚里士多德认为的那样，时间只是度量事物变化的方式——还是我们应该认为，存在着一个绝对时间，自主流动，独立于其他事物？但真正应该问的是：这两种思考时间的方式，哪一种可以让我们更好地理解世界？两种概念体系哪种更有效？

几个世纪以来，真理似乎来到了牛顿这边。牛顿模型以独立于事物的时间观念为基础，建立了现代物理学，并且行之有效。它假设时间是一种实体，均匀流逝。牛顿写出了描述物体在时间中如何运动的方程，用字母 t 表示时间。[10]这个字母的含义是什么呢？它表示夏季白天较长而冬天较短所形塑的那个时间吗？很显然不是。它表示的时间是"绝对的、真实的、数学的"，牛顿假定它的运动独立于事物的变化或物体的运动。

对牛顿而言，时钟是尽力遵循这种均匀统一的时间流动的装置，虽然并不十分精准。牛顿写道，这种"绝对的、真实的、数学的"时间无法被感知，只能根据现象的规律，通过计算与观测推导出来。我们的感官无法证明牛顿时间的存在：它是一种精妙的理智建构。我亲爱的富有学识的读者，如果牛顿这种独立于事物的时间概念的存在对你来说简单又自然，那是因为你在学校就学过，因为这已经成了我们思考时间的唯一方式。它已经通过学校课本渗透到了全世界，最终成为我们理解时间的常规方式，我们已经把它变成了常识。这种时间均匀流逝，独立于事物及其运动，如今在我们看来十分自然，但是对人类而言，它并不是一个自古就有的很自然的直觉。它是牛顿的观点。

　　事实上，大多数哲学家都对这种观点有着消极的回应。有一次，莱布尼茨（Leibniz）就做出了强烈的反驳，他为传统的结论进行了辩护，认为时间只是事件发生的顺序，并不存在什么自发的时间。据传说，莱布尼茨的名字里曾经有字母 t（Leibnitz），他坚信牛顿的绝对时间 t 并不存在，为了与信仰保持一致，他把名字中的字母 t 去掉了。[11]

　　在牛顿以前，对人类而言，时间是度量事物变化的方式。在他之前，没有人曾经认为独立于事物的时间有可能存在。别以为你的直觉与观点很"自然"，它们经常是那些在我们之前的大胆的思想家观念的产物。

　　在亚里士多德和牛顿这两个巨人中，牛顿真的是正确的那个吗？他引入的这个"时间"，让全世界都相信其存在，在他的方程中运作自如，然而我们却无法感知到它。这个"时间"究竟是什么呢？

　　要想从这两个巨人之间找到出路，并且用一种奇特的方式调和二者，我们需要第三个巨人。但是在谈到他之前，我们要离题一下，先来谈一谈空间。

空无一物之处有什么

时间的两种解释方案（亚里士多德认为，时间是关于事件的"何时"的量度；牛顿认为，时间是一种实体，即便没有事情发生也会流逝）对空间也适用。当我们问"何时"的时候，就会谈到时间。而当我们问"何地"的时候，就会谈到空间。如果我问道："斗兽场在哪里？"一种可行的回答是："在罗马。"如果我问："你在哪儿？"你有可能回答："在家。"回答"某个物体在哪里"，意思是要指明在这个物体周围有其他什么东西。如果我说"在撒哈拉"，你就会想象我被沙丘环绕。

亚里士多德是第一个敏锐地深入探讨"空间"或"位置"含义的人，并且得出了精确的定义：物体的位置是指其周围有什么。[12]

就像探讨时间时那样，牛顿建议我们换个想法。亚里士多德对空间的定义，是举出物体周围有什么，这被牛顿称为"相对的、似真的、经验的"。而牛顿把空间本身称为"绝对的、真实的、数学的"——即便空无一物，空间也存在。

亚里士多德与牛顿之间的差别很明显。对牛顿来说，在两个物体之间还存在着"空的空间"。对亚里士多德而言，谈论"空的"空间很荒谬，因为空间只不过是物体的空间秩序。如果没有物体——或它们的延展与相互接触——就没有空间。牛顿设想物体处于"空间"之中，即便没有物体存在，这种空间也会存在，空空如也。在亚里士多德看来，"空的空间"是没有意义的，因为如果两个物体没有接触，就表明它们之间存在着某种东西，既然有某种东西，这种东西就是一个物体，因此有物体在这儿。空无一物是不可能的。

对我而言，很奇特的地方在于，这两种思考空间的方式都源于我们的日常经验。它们之间之所以有区别，是由于我们生存的这个世界的一个离奇巧合：空气之轻，轻到我们几乎感觉不到其存在。我们会说：我看到一张桌子、一把椅子、一支笔和天花板——我与桌子之间空无一物。或者我可以说，在两个物体之间有空气。但当我们谈到空气时，有时它好像算是某种东西，有时又不是；有时好像存在，有时又不存在。要说杯子充满空气，我们却习惯说"杯子是空的"。因此，我们可以把周围的世界看作"几乎空空如也"，只有一些物体，或者换种说法是"完全充满了"空气。说到底，亚里士多德与牛顿并没有在讨论什么深奥的形而上学，他们只不过是用两种不同的出于直觉却同样精巧的方式看待我们周围的世界：是否把空气考虑在内，又是否把它们转化为空间的定义。

亚里士多德一直走在时代的前沿，力求精准：他不说杯子是空的，他说杯子里充满了空气。他曾说，在我们的经验里，"空无一物、连空气也没有"的地方是不存在的。牛顿不那么追求准确性，他追求的是描述物体运动时需要被建构的概念范式的有效性，因此他没有考虑空气，而是考虑物体。毕竟空气对下落的石块几乎没有影响，我们可以认为它基本不存在。

就像在时间的例子中那样，牛顿的"空间容器"概念对我们来说要自然一些，但这只是近代才有的观念，并且由于他思想的巨大影响力而传播开来。如今对我们而言很直观的东西，在过去是科学与哲学详细阐述的结果。

在托里拆利（Torricelli）*证明可以把空气从瓶子里移除之后，牛顿"空的空间"的观念似乎得到了印证。然而，很快人们就知道了，在瓶子内还有许多物理实体：有电磁场，以及一大群量子粒子。一个完全空白的、没有任何物理实体的无形空间的存在，仍然只是牛顿为了建立他的物理学而引入的精妙的理论概念，因为没有任何科学的、实验的证据证明其存在。这是个精妙的假设，也许是身为最伟大科学

---

* 意大利物理学家，进行了著名的托里拆利实验，发现了大气压。

家之一的牛顿最有影响力的洞见——但它真的与事物的真相一致吗？牛顿的空间真的存在吗？如果存在，它真的是无形的吗？空无一物的地方真的存在吗？

这个问题等同于与时间相关的类似问题：牛顿"绝对的、真实的、数学的"无事发生时也会流逝的时间，真的存在吗？如果存在，它与这个世界上的其他事物不同吗？它独立于其他事物吗？

所有这些问题的答案，都在于把这两个巨人截然相反的观点进行意想不到的整合。为了达成这点，很有必要让第三个巨人加入这场舞蹈。*

三个巨人的舞蹈

整合亚里士多德与牛顿的时间观念是爱因斯坦最有价值的成就，是他思想中最璀璨的珍宝。

---

* 有人批评说，我在讲述科学史时，让人感觉这似乎是由少部分杰出头脑提出观点的结果，而不是来自几代人艰苦的努力。这种批评十分公正，我要向已经做出以及正在做出必要努力的人们道歉。我唯一想要辩解的一点是，我不是在尝试一种详细的史学分析或科学方法论，而只是在整合几个重要的阶段。要让西斯廷教堂（Sistine Chapel）成为可能，由无数作坊的画师与艺术家做出的缓慢的技术、文化、艺术上的推进必不可少，但最终要由米开朗琪罗作画。——作者注

　　答案是，牛顿凭直觉知道的超越有形物质的时间与空间，的确存在，真实不虚。时间与空间是真实的现象，但不是绝对的，它们并不独立于发生的事件，也不像牛顿设想的那样，与世界上的其他物质有所区别。我们可以想象一大块牛顿式的帆布，上面画着这个世界的故事。但这块帆布与世上的其他东西是由相同材料构成的，与构成石头、光、空气的物质并无二致：它们都由场构成。

　　以我们目前的知识来看，物理学家把构成世界物理实在的物质称为"场"。有时它们会有些奇异的名字："狄拉克场"是构成桌子与星体的材料；"电磁场"构成了光，也是使电动机运转和指南针指北的力的来源。但是，关键之处在于，还有一种"引力场"：它是引力的来源，同时也是构成牛顿时空的材料，其余的世界涂画于其上。钟表是测量其广延性的机械，测量长度的尺子则测量其广延性的另一方面。

　　时空就是引力场，反之亦然。像牛顿凭直觉意识到的那样，它可以独立存在，即便没有任何物质。但与牛顿所认为的不同，它与世界上的其他物质并没有什么区别，它们都是场。与其说世界画在一张帆布上，不如说世界是多层帆布的叠加，引力场只是其中一层。和其他场一样，它既不是绝对的，也不是均匀的、固定的，它会弯曲、伸展，与其他场相互碰撞与推拉。方程可以描述这些场之间的相互作用，时空就是这些场中的一个。*

引力场可以像平面一样平滑，这是牛顿描述的版本。如果用尺子测量，会发现我们在学校学过的欧式几何是适用的。但场也可以波动起伏，我们所说的引力波就是如此，它会收缩与膨胀。

还记得第1章里在物体附近会变慢的时钟吗？更准确地说，它们会减慢是由于那里引力场较"少"，从而时间较少。

由引力场形成的帆布就像一张可以拉伸的巨大弹力床单，其拉伸与弯曲就是引力与物体下落的来源，这能够给出比旧有的牛顿引力理论更好的解释。

再来看看第1章里阐释高处比低处时间流逝更多的图，但现在请想象，画这张图的纸是有弹性的。想象这张纸被拉伸，以至于山上的时间都被拉长了。你会得到一张完全不同的图，分别表示空间（高度，纵轴）和时间（横轴）。但是

---

* 爱因斯坦得到这个结论的过程十分漫长：1915年他写出场的方程，但工作并未结束，为了理解其中的物理含义，他继续付出了艰苦的努力，并反复修改他的理念。对于存在不含有形物质的解，以及引力波是否存在的问题，他感到尤为困惑。他在最后的一些文章中才彻底阐明这些问题，尤其是加入第五版《相对论：狭义与广义理论》的第五篇附录《相对论与空间问题》（梅休因出版社，伦敦，1954）。这篇附录可以在http://www.relativitybook.com/resources/Einstein_space.html读到。由于版权原因，这篇附录没有收录在这本书的大多数版本中。更深入的讨论详见我的书《量子引力》（Quantum Gravity）第2章（剑桥大学出版社，剑桥，2004）。——作者注

现在，在山里"被拉长"的时间刚好与更长的时间相对应。

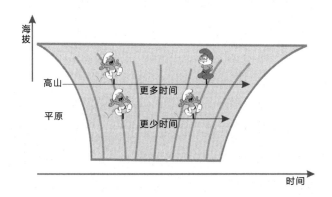

这幅图阐释了物理学中的"弯曲"时空。"弯曲"是由于被扭曲了：距离可以伸长或缩短，就像有弹性的床单被拉拽。这就是第3章的图例中光锥倾斜的原因。

时间变成了与空间几何交织在一起的复杂几何的一部分。这就是爱因斯坦发现的对亚里士多德与牛顿时间概念的整合。通过用力拍打翅膀，爱因斯坦终于明白，亚里士多德和牛顿都是正确的。牛顿凭直觉正确地意识到，在我们所见的运动与变化的事物之外，还存在着某些东西。真实的、数学的牛顿时间确实存在，它是一种真实实体，也就是引力场，那张有弹性的床单，图中的那个弯曲时空。但牛顿错在认为这个时间与其他事物无关，均匀流逝，并且独立于其他事物。

亚里士多德的正确之处在于，他认为"何时"与"何地"的确定总是与某个事物相关联，但这个事物也可以只是场，即爱因斯坦的时空实体。因为这是种动态、实在的实体，与其他作为参照物的实体一样，我们可以以此明确自己的位置，正如亚里士多德观察到的那样。

这一切都完美自洽，一个多世纪以来，爱因斯坦描述引力场扭曲的方程及其对钟和尺的效应都在被不断证实。但我们关于时间的观念失去了又一组成部分：相对于世界其余部分的所谓的独立性。

这三个共舞的智慧巨人——亚里士多德、牛顿、爱因斯坦——指引我们更深入地理解了时间与空间。存在着引力场这样一种实在的结构，它既不独立于物理学的其余部分，也不只是世界匆匆而过的舞台。它是世界之舞的动态组成部分，与其他部分类似，与它们相互作用，也决定着我们称之为尺缩与钟慢以及所有物理现象的韵律。

成功总是短暂的，即便是巨大的成功。爱因斯坦在1915年写出了引力场方程，仅仅一年以后他自己就注意到，由于量子力学的存在，这不可能是关于时空本质的最终结论。和其他物理实在一样，引力场也肯定具有量子特性。

5　时间量子

房里有一瓶老酒

酿造九年

菲利斯，花园里有月桂树

可以编织花冠

还有好多常春藤……

我邀请你

在四月中旬这天来庆祝

这属于我的节日

比生日更珍贵

当我们把量子与时空的量子特性考虑在内时，我之前描述的相对论物理学的奇特图景变得更不可思议了。

研究这些内容的学科被称为"量子引力"，也就是我自己的研究领域。[1]还没有一种量子引力理论被科学界广泛接受，或者得到实验上的支持。为了给这一问题——圈量子引力，或圈理论——建构一种可能的解决方案，我奉献了科学生涯的大部分时光。并非所有人都认为这会是正确的解决方案。例如，研究弦理论的朋友遵循着不同的路径，正确之争仍在继续。这很好，由于激烈的辩论，科学也得以成长：迟早会搞清楚哪种理论是正确的，也许我们不必等待太久。

近几年，关于时间的本质，意见上的分歧有所减少，许多结论变得十分清晰。已经阐明的内容是，如果我们把量子考虑在内，上一章里阐述的广义相对论的剩余时间框架也会崩塌。

统一的时间已经粉碎为无数的固有时，并且如果把量子因素考虑进来，我们就必须接受这些时间会"涨落"的观念，并且像云一样散开，而且只能取特定值……它们再也无法形成上一章勾勒出的时空床单。

量子力学导致的三个基本发现如下：分立性、不确定性、与物理量的关联性。它们进一步推翻了我们仅存的时间观念。让我们一个一个来考察。

分立性

时钟测量的时间是"量子化"的，意思是说，它只能取特定值，不能取其他值。时间是分立的，而非连续的。

量子力学的最大特点就是分立性，并且得名于此：量子即基本微粒。对一切现象而言，都存在着最小尺度。[2]在引力场中，这被称作"普朗克尺度"，而最小的时间被称为"普朗克时间"。把描述相对论、引力、量子力学现象特征的常数结合在一起，就可以算出它的取值。[3]这些量共同决定了这个时间约为5.39×10^{-44}秒*。这就是普朗克时间。在这一极小层面，时间的量子效应开始显现。

普朗克时间非常小，远小于任何钟表能够测量的范围。它微小至极，在这样的尺度下，即使发现时间的概念不再适用，我们也不必感到惊讶。为何要大惊小怪呢？没有什么会在任何时间、任何地点都适用。我们迟早会遇到新的事物。

时间的"量子化"表明，几乎所有时间t的取值都不存在。如果可以用人类能够想象出的最精密的钟表去测量一个时间段，我们会发现测得的时间只能有不连续的特定取值，因此不可能把这段时间看作连续的。我们必须把它看作不连续的：它并没有均匀流动，而是——在某种意义上——像袋鼠一样，从一个值跳向另一个值。

也就是说，存在一个最小的时间段。在此之下，时间的概念不复存在，即便在最基本的含义上。

从亚里士多德到海德格尔，许多世纪以来，讨论"连续性"的笔墨也许都白费了。连续性只是对非常微细的微粒

---

* 此为美国国家标准与技术研究院给出的数值，使用约化普朗克常数计算。——编者注

状事物进行近似描述的数学技巧。世界是精细地分立的，非连续的。上帝并没有把世界画成连续的线，而是像修拉（Seurat）*那样，用轻盈的手笔，用点进行描绘。

分立性在自然界中无所不在：光由光的微粒也就是光子组成，原子中电子的能量只能取特定值而非其他。最纯粹的空气与最致密的物质一样，都是分立的。一旦理解了牛顿时空也是像其他物质一样的物理实体，就可以很自然地推断出它们也是分立的。理论确认了这一想法：圈量子引力预言，基本的时间跳跃虽然很小，但有限。

时间有可能是分立的、并且存在最小的时间间隔的观念并不新鲜。在7世纪，伊西多尔（Isidore of Seville）的《词源》（*Etymologiae*），以及其后一个世纪，圣比德（Venerable Bede）的一部名为《论时间的分割》（*De Divisionibus Temporum*）的著作中，都对此进行过论证。12世纪，伟大的哲学家迈蒙尼德（Maimonides）写道："时间由原子组成，也就是说，由于时间持续极短，它无法被继续分割为更多部分。"[4]这种观念也许可以回溯到更早：德谟克利特的原始文本已经失传，我们无法知晓在古希腊原子论[5]中，这种观点是否已经出现。抽象的思想可以提前几个世纪预见假说在科学探索中得到应用或者证实。

---

* 法国新印象主义画派画家，以用点作画著称。

普朗克时间的空间姐妹是普朗克长度——长度的最小限度，在此之下长度的概念会失去意义。普朗克长度大约为10^{-33}厘米。读大学时，我对在极其微小尺度下会发生什么的问题十分着迷。在一大张纸的中心，我用闪闪发光的红色写下了这个数字。

我把它挂在博洛尼亚的卧室里，并且下定决心，我的目标就是努力去理解在非常微小的尺度上出现的现象，直到最小的时空的基本量子的尺度，在那里，时间与空间不再是它们原来的样子。然后我就真的用余生去努力达成这个目标。

时间的量子叠加

量子力学的第二个发现是不确定性。例如，我们无法准确预测电子明天会出现在哪儿。在两次出现之间，电子没有准确的位置，[6]就好像散布在一朵电子云里。用物理学家的术语来说，它处于位置的"叠加"中。

时空是像电子一样的物理客体。它也会涨落，也可以处于不同状态的"叠加"中。比如，如果我们把量子力学考虑进来，那么第4章末尾拉伸时间的图示就可以被想象为不同时空的叠加，大概如下图所示：

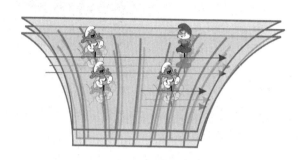

与之类似，光锥的结构会在所有区分过去、现在、未来的点涨落：

甚至过去、现在、未来的区别都可以涨落，变得不确定。正如一个粒子可以弥漫在空间中，过去与未来的区别也

可以涨落：一个事件可以同时在另一事件之前与之后。

关联性

"涨落"并不意味着现象永远不能确定下来，而是说它只能在特定时刻、以某种不可预知的方式确定下来。当量子与其他事物相互作用时，不确定性就消失了。*

在相互作用的过程中，电子会在某点突然出现。比如，它与屏幕碰撞，被粒子探测器捕捉到，或是与光子碰撞，从而获得具体位置。

但电子的这种实体化有个奇特之处：只有当与其他相互作用的物体发生关联时，电子才会实体化。对于其他物体，相互作用的效应只会传播不确定性。只有与物理系统相关联时，实体化才会发生。我相信，这一点是量子力学做出的最激进的发现。**

当电子与其他物体碰撞，比如在装有阴极射线管的老式

---

* 在这种语境下使用的表示相互作用的术语"测量"有些误导性，因为这似乎意味着，为了创造实在，我们需要一位穿着白大褂的实验物理学家。——作者注

** 在此我使用了量子力学的关联性解释[7]，我自己都认为它难以置信。接下来的评述——特别是那些满足爱因斯坦方程的经典时空的消失——在我所知的其他解释中仍然是不成立的。——作者注

电视机中，我们所设想的概率云就会坍缩，电子会在屏幕的某点上突然出现，成为构成电视图像的亮点之一。但只有与屏幕相关时，这一现象才会出现。而涉及另一物体时，电子和屏幕一起处于叠加态，只有与第三个物体相互作用时，它们共同的概率云才会"坍缩"，以一个特定的状态出现。诸如此类。

电子的表现如此怪异，实在令人难以接受。更难让人理解的是，这也是时间与空间表现的方式。而且，所有证据表明，这就是量子世界——我们所栖居的世界——运作的方式。

决定时间段与物理间隔的物理基础——引力场，不仅受到质量的动态影响，它本身也是一种没有确定值的量子实体，直到它与其他物体相互作用。当发生相互作用时，只有对与之相互作用的物体来说，时间才是分立的、确定的；对宇宙的其余部分，它们仍然是不确定的。

时间松脱为关系的网络，不再聚合成连贯的帆布。（复数的）时空的涨落，层层叠加，在特定时刻相对于特定物体突然出现，为我们提供了一种非常模糊的图景。但对于世界精细的分立性，这已经是我们能拥有的最好的视野了。我们正在凝视量子引力的世界。

让我重复一下本书第一部分中进行的漫长而深入的探讨。不存在单一的时间，每个轨迹都有自己的持续时间；根据位置与速度，时间会以不同节奏流逝；它是没有方向的：在世界的基本方程中，过去与未来的区别并不存在；方向性只在我们进行观察并忽略细节时偶然出现。在这种模糊的视角下，宇宙的过去处于一种奇特的"特定"状态。"当下"的概念不再奏效：在广袤的宇宙中，没有我们可以合理地称为"当下"的东西。决定时间长度的物理基础不是一个区别于世界其他组成部分的独立实体，而是动态场的一个方面。它会跳跃、涨落，只在相互作用时实体化，在最小尺度之下无法被发现……那么，这一切之后，时间还剩下什么呢？

> *你扔掉手表，你尝试理解*
> *这看似能抓住的时间，只不过是指针的运*
> *动……**

让我们进入没有时间的世界。

第 二 部 分

没有时间的世界

The World without Time

6   世界由事件而非物体构成

啊，朋友们，生命的时间是短促的……

要是我们活着，

我们就该活着把世上的君王们放在我们足下践踏。

莎士比亚《亨利四世》第一部分（上篇，第五幕，第二场）

罗伯斯庇尔使法国摆脱君主制后，欧洲的旧制度担心文明的终结就要到来。当年青一代追求从事物的旧秩序中解放时，老年人害怕一切都会被摧毁。但欧洲很好地存活下来了，甚至不需要法国国王。所以，即便没有时间国王，世界也会继续运转下去。

19世纪和20世纪的物理学给时间带来了破坏，然而时间仍有一个方面幸存下来。摆脱了牛顿理论留下的那些我们早已习惯的陷阱后，现在有一点更为明确：世界只是变化。

时间失去的这些部分（统一性、方向性、当下、独立性、连续性）并没有让这一事实受到质疑：世界是事件的网络。一方面，许多结论都表明时间存在；另一方面，一个简单的事实是，没有物体存在，而是事件发生。

基本方程中"时间"的消失并不意味着世界会静止不变。恰恰相反，这意味着变化普遍存在，无须被时间国王指挥；无数事件不必有序排列，或沿着单一的牛顿时间轴，或遵循爱因斯坦精妙的几何学。世界的事件不会像英语那样形成一个有序的队列，而是会像意大利语那样混乱地挤在一起。

它们确实是事件：变化与出现。这种出现是弥漫、分散、无序的，但正在发生，不会停滞。以不同速度运转的时钟不显示同一时间，但每个时钟的指针都相对于其他指针在变化。基本方程里不包含时间变量，但包含相对于彼此正在变化的变量。正如亚里士多德指出的，时间是对变化的量度；可以选择不同的变量来度量这种变化，但没有一个变量具备我们所体验的时间的所有特点。可是这也无法改变这一事实：世界处于永不停息的变化过程中。

整个科学的发展都表明，思考世界的最佳方式应该基于变化，而非不变。不是存在，而是生成。

我们可以把世界看作由物体、物质、实体这一类东西构成。或者我们可以把它看作由事件、发生、过程、出现组成。它不能持久，会不断转化，无法在时间中永恒。基础物理学中，时间概念的毁灭导致了以上两种观点中前者的崩

塌，而非后者。这是一种领悟，认识到无常的普遍性，而不
是一切在静止的时间里停滞。

　　通过把世界看作事件、过程的集合，我们得以更好地理
解与描述世界。这是与相对论兼容的唯一方式。世界并不是
物体的集合，而是事件的集合。

　　物体与事件的区别在于，物体在时间中持续存在，而事
件的持续时间有限。石头是典型的"物体"，我们可以问它
明天在哪里。与此相反，亲吻是一个"事件"，问这个吻明
天在哪儿是没有意义的。世界由亲吻的网络，而非石头的网
络构成。

　　我们所理解的世界的基本单元并不位于空间中的某个特
定点。如果它们确实存在的话，它们既在某处，也在某时。
它们在空间和时间上都有限定：它们是事件。

　　经过更仔细的审视，实际上，即使那些最"像物体"的
物体，也只不过是很长的事件。最坚硬的石块，根据我们所
学的化学、物理学、矿物学、地质学、心理学，实际上是量
子场的复杂振动，是力瞬间的作用，是粉碎重归尘土前短时
间维持原状、保持平衡的过程，是星球元素间相互作用的历
史中短暂的篇章，是新石器时代人类的痕迹，是一群孩子使
用的武器，是一本关于时间的书中举过的例子，是本体论的
隐喻，也是世界被分割出的一部分——那世界与其说取决于
被感知的物体，不如说取决于我们进行感知的身体构造。渐

渐地，在这场镜像的宇宙游戏中一个错综复杂的结构成了实在。比起石头那样的东西，世界更像是由转瞬即逝的声音或大海的波浪构成的。

退一步讲，假如世界真是由物体组成的，那么这些物体又由什么构成呢？是原子吗？我们已经发现，它由更小的粒子构成。是基本粒子吗？我们发现，它们只是场的短暂振动。是量子场吗？我们发现这仅仅是谈及相互作用与事件时所用的语言代码。我们不能把物理世界看作由物体或实体组成，这行不通。

把世界看作事件网络才行得通。简单的事件，以及可以被分解为简单事件组合的复杂事件。举几个例子：一场战争不是物体，而是一系列事件；一次暴风雪不是物体，而是事件的集合；山上的一朵云不是物体，而是风吹过山上时空气中水蒸气的凝结；波浪不是物体，而是水的运动，而且形成波浪的水总是不同的；一个家庭不是物体，而是关系、事件、感受的集合。一个人呢？当然也不是物体，就像山上的云，它是食物、信息、光、语言等进进出出的复杂过程……它是社会关系、化学过程、情感交流网络中的一个结点。

很久以来，我们都试图从基本物质的角度来理解世界，物理学也许比任何其他学科都更需要追寻这种基本物质。但我们研究得越多，越难以从"存在的东西"这个角度去理解世界，而从事件之间的关系来理解世界却容易得多。

本书第1章里引用的阿那克西曼德的话邀请我们按照"时间的秩序"来思考世界。如果我们不把已知的时间的秩序假定为先验的，也就是说，如果我们不预先假定它是线性的，并且具有我们习以为常的统一的顺序，那么阿那克西曼德的箴言依然有效：我们通过研究变化而非研究物体来理解世界。

那些忽视这条建议的人已经付出了巨大的代价。犯了这个错误的两位伟人分别是柏拉图和开普勒，他们都被同样的数学诱惑了。

在《蒂迈欧篇》中，柏拉图有个绝妙的想法，他尝试把诸如德谟克利特这样的原子论者获得的物理洞见转化为数学。但他的方法存在问题：他试图写出原子形状的数学，而不是原子运动的数学。他沉迷于一种数学原理，该原理确立了有且仅有五种规则的多面体。

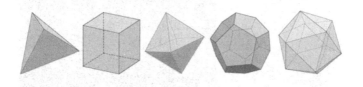

他试图进一步发展这一大胆的假设，将它们视为形成万物的五种基本物质的原子的真实形状。这五种物质是：地、水、风、火以及构成宇宙的第五元素。这是个美妙的想法，但完全错误，错误之处在于试图按照物质而非事件来理解世界，在于忽略了变化。从托勒密到伽利略，从牛顿到薛定谔，所有行之有效的物理学与天文学都在数学上精确描述了事物的变化，而非它们的形式。一切都与事件有关，而非物体。只有借助描述原子中电子运动的薛定谔方程的解，原子的形状才最终被理解。又是事件，而非物体。

几个世纪之后，成熟的开普勒取得了重要的成就。但在此之前，年轻时的他也犯过同样的错误。他问自己，是什么决定了行星轨道的大小，曾经迷住了柏拉图的数学原理也诱惑了开普勒（毫无疑问这个原理很美妙）。开普勒假定规则多面体决定了行星轨道的大小：如果多面体层层嵌套，并且每两个之间都有球体，那么这些球体的半径会与行星的轨道半径成正比。

这是个美妙的想法，但也完全走错了方向，还是由于缺少动力学。在之后的岁月中，当开普勒处理行星运动的问题

时，天堂之门方才开启。

因此，我们按照出现的方式而非存在的方式来描述世界。牛顿力学、麦克斯韦方程组、量子力学等，都告诉我们事件怎样发生，而非事物是什么样的。通过研究生物的演化与生存，我们理解了生物学。通过研究人与人交往、思考的方式，我们才理解心理学（只有一点点，并不多）……通过形成过程而非存在，我们理解世界。

"物体"本身仅仅是暂时没有变化的事件。[1]

但只是在归于尘土之前。因为很明显，一切都迟早要复归尘土。

因此，时间的缺失并不意味着一切都停滞不变。它只能说明，让世界感到疲倦的不间断的事件并不是按时间顺序排列的，无法被一个巨大的钟表测量。它甚至没有形成一种四维几何。它是量子事件无限又无序的网络。比起新加坡，世界更像那不勒斯。

如果我们所说的"时间"只表示"发生"，那么一切皆时间。时间之内别无他物。

7　语法的力不从心

雪的白色

消失了

绿色归来

在旷野的绿草中

在森林的树荫下

春天空气的芬芳

又与我们在一起

季节如此循环

流逝的光阴盗走光芒

传来讯息：

不朽，于我们，绝无可能

暖风之后，必是严寒

通常我们称之为"真实"的事物，都存在于现在或当下，而非过去存在或未来会存在。我们说过去或未来的事物曾经是真实的或将要是真实的，但我们不会说它们现在是真实的。

有种观点认为，只有当下是真实的，过去与未来都不真实，哲学家把这种观点称为"现在主义"，实在会从一个当下演化到下一个当下。

然而，如果"当下"并不是放之四海而皆准的，如果它只能在我们附近以近似的方式被定义，那么这种观点就行不通了。如果远处的当下无法被定义，那么宇宙中有什么是"真实"的呢？

前面章节我们见过的一些图中，只用一个图像就描绘了时空的整个演化。它们不只表示一个时刻，而是表示全部时间。

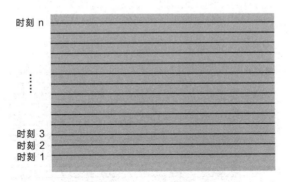

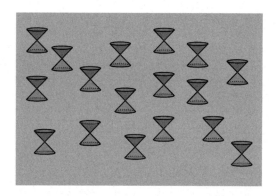

它们就像是一个人跑步的一系列照片，或是一本书，讲述着一个进展多年的故事。它们是世界可能的历史的图示，而不是某个单一的、瞬间的状态。

下图表示的是在爱因斯坦以前，我们思考世界时间结构的方式。在一个特定时刻，"现在"的真实事件的集合用粗线表示。

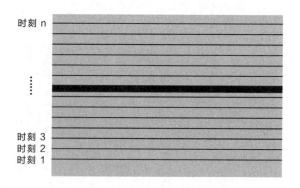

但本章的第二幅图对世界的时间结构给出了更好的描绘，其中并没有像当下这样的东西，当下不存在。那么，什么是真实的呢？

20世纪物理学以一种对我而言很明确的方式表明，现在主义并没有很好地描述我们的世界：客观且统一的当下是不存在的。我们最多也就能说：有一个相对于运动的观察者的当下。那么，对我而言的真实就不同于对你而言的真实，虽然我们都尽可能客观地使用着"真实"这个词。因此，世界不应被看作一连串的当下。[1]

我们还有什么其他选择呢？

有种观点认为，流动与变化都是虚幻的，过去、现在与未来都同等真实，同样存在，哲学家把这种观点称为"永恒主义"。永恒主义认为，上图中描绘的全部时空，都以整体的形式一同存在，没有任何变化，没有什么真的在流逝。[2]

那些为永恒主义这种思考现实的方式辩护的人，经常引用爱因斯坦在一封著名信件中的话：

> 像我们这样相信物理的人都知道，过去、现在
> 与未来之间的区别只不过是持久而顽固的幻觉。[3]

这种观点现在被称为"块状宇宙"。它认为，必须把宇宙的历史看成一整块，全都同样真实，时间从一个时刻到下

一时刻的流逝只是个幻象。

这种永恒主义、块状宇宙，是我们仅剩的设想世界的方式吗？我们必须把世界看成过去、现在、未来都像在同一个当下，以同种方式同时存在吗？没有事物变化，一切都是静止的，变化仅仅是幻象吗？

不，我真的不这么认为。

我们无法把宇宙按照单一的时间顺序排列，但这并不意味着没有事物在变化，这表明变化并不按照单一序列次第发生：世界的时间结构比每个时刻按照简单的、单一的线性排列要复杂。但这并不意味着它不存在或只是个幻象。[4]

过去、现在与未来之间的区别并不是幻觉，它确实是世界的时间结构，但不是现在主义那种。事件之间的时间关系比我们以前认为的要复杂，但这不是说它们就不存在了。父子关系虽然没有建立起统一的秩序，但也不是虚幻的。即便我们不都在同一份档案里，也不表明我们之间毫无关系。变化、发生的事情，都不是幻觉。我们发现的只是它并不遵循统一的秩序。[5]

让我们回到一开始的问题："什么是真实的"？"什么存在"？

答案是，这是个很糟糕的问题，什么都能表示，又什么都表示不了。因为"真实"这个形容词很模糊，可以有一千种含义。如果问题是："撒谎时鼻子会伸长的木偶存在吗？"可以回答："当然存在了！是匹诺曹呀！"或者可以回答："不存在，他只是科洛迪想象出来的而已。"

两种答案都对，因为它们使用了动词"存在"的不同含义。

这个动词有很多种用法，说一个事物存在，可以有不同的方式：法律、石头、国家、战争、戏剧中的角色、我们不信仰的宗教中的神、我们信仰的宗教的上帝、伟大的爱、数字……这些实体中的每一个都与其他实体在不同意义上"存在"并且"真实"。我们可以问自己，某样事物在什么意义上存在或不存在（匹诺曹作为文学形象是存在的，但在意大利任何一家户籍登记处都找不到他的名字），或者一样事物是否以被决定的方式存在（在国际象棋中，如果你已经移动了车，存在一条规则不让你王车易位吗？）。笼统地问"什么存在"或"什么是真实的"，只是在问你想要怎样使用这个动词和形容词。[6]这是个语法问题，无关本质。

本质就是它本来的样子，我们需要时间才能发现。如果我们的语法与直觉不能轻松地适应我们的发现——实际上适应得很糟糕——那我们就必须寻求改变。

很多现代语言的语法中都有动词的"现在时""过去时""将来时"，但现实的真实时间结构更为复杂，这样表述并不太适合。语法的发展来自我们有限的经验，在我们理解了世界丰富的结构之后，才发现语法不那么精准。

我们发现客观、统一的当下并不存在，在试图搞清其中的含义时，却发现我们的语法是围绕着过去、现在与未来的绝对划分构建的，而这只在我们周围才适用，这让我们十分困惑。这种语法并不以实在的结构为前提。我们会说一个事件"现在是""已经是"或"将要是"，可要想说某个事件相对于我"已经是"，而相对于你"现在是"，我们却没有合适的语法。

我们千万不能让这种不够用的语法把自己弄糊涂了。有一段古话提到了地球的球形，是这样说的：

> 对那些站在下面的人来说，上方的东西在下面，而下方的东西在上面。[7]

乍一看，这段话很混乱，语言自相矛盾，"上方的东西在下面，而下方的东西在上面"。这怎么可能呢？毫无意义。堪比《麦克白》里那句邪恶的"美即是丑，丑即是美"。但如果考虑到地球的形状和物理学，再读一遍，意思就明白了：作者是在说，对那些生活在对跖点（澳大利亚）的人而言，"上"的方向与欧洲人的"下"是一样的。他是在说，"上"这个方向在地球上会随位置而改变。相对于悉尼在上的，相对于我们在下。这段话写于两千年以前，作者正尽力让自己的语言和直觉与新发现相适应：地球是个球体，"上"与"下"的含义在不同地点会改变。这些用语并非如之前认为的那样，只有一种统一的含义。

我们也处于同样的情形，正努力让语言和直觉适应新的发现："过去"与"未来"不具有统一的含义，随地点变化。仅此而已。

世界上存在着变化，事件之间关联的时间结构只是幻象。现象并不是普遍的，只是局部且复杂的，无法用一个放之四海皆准的秩序来描述。

爱因斯坦所说的，"过去、现在与未来之间的区别只不过是持久而顽固的幻觉"，该怎样理解呢？难道不是在说他的想法与此完全相反吗？即便如此，我也不能确定，因为爱因斯坦经常写出一些我们应该视为神谕的话。对基础问题，爱因斯坦多次改变想法，我们会发现他的很多话都互相矛盾。[8]但在这个例子中，事情也许更简单，意义更深刻。

在他的朋友米凯莱·贝索（Michele Besso）去世时，爱因斯坦写下了这段话。米凯莱是他的挚友，从在苏黎世大学起，就陪伴他思索与讨论。出现这段话的那封信并不是写给物理学家或哲学家的，而是写给米凯莱的家人，尤其是他的妹妹的。前面的话是这样说的：

> 现在他（米凯莱）从这个奇怪的世界离开了，
> 比我先走一步，但这没什么……

　　这封信并不是想武断地谈论世界的结构，而只是想安慰一个悲伤的妹妹。一封温暖的信，谈到了米凯莱和爱因斯坦之间的精神纽带。在信中他直面自己失去一生挚友的痛苦，而很明显，他也在思考自己将要面临的死亡。这是一封深情的信，其中提及的"幻觉"和那些令人心碎的话语，并没有涉及物理学家所理解的时间。这些都来自生命自身的体验：脆弱，短暂，充满幻觉。这段话谈到的事情比时间的物理本质还要深刻。

　　爱因斯坦于1955年4月18日去世，在他朋友死后的一个月零三天。

8 以关联为动力

迟早

时间的精确测量

会重新开始

我们会在

开往最寒冷海岸的航船上

如何描述一个一切都会发生但唯独缺少时间变量的世界呢？在这个世界里，没有共同的时间，变化的发生也不依循特定的方向。

只需用最简单的方式，因为在牛顿让所有人相信时间变量必不可少之前，我们就是用这种方式思考世界的。

要描述世界并不需要时间变量，需要的是真正描述世界的各种变量：我们可以感知、观察并最终测量的数字。道路的长度，树的高度，额头的温度，一片面包的重量，天空的颜色，地球穹顶之下星辰的数量，一节竹子的弹力，火车的速度，一只手压在肩膀上的压力，失去的痛苦，钟表指针的位置，天空中太阳的高度……这些才是我们描述世界的术语。这些是我们见到的在不断变化的数量与性质，这些变化中存在规律：石头下落得比羽毛快，太阳与月亮在天空中环绕，每个月碰一次面……我们发现这些量中的一些相对于其他在规律地变化：天数、月相、地平线上太阳的高度、钟表指针的位置。把这些当作参照点很有用：比如下次满月后的第三天，太阳在最高点时，我们见面。或者明天时钟指向4:35时我来找你。如果我们可以找到足够多彼此同步的变量，就可以用它们来表示时间。

没有必要从这些变量里挑出一个特殊的量，然后把它命名为"时间"。如果想进行科学研究，我们需要的是一种理论，它可以告诉我们这些变量相对于彼此如何变化，也就是说当其他变量变化时，某个变量会怎样变化。世界的基本理论必须这样来建构，并不需要时间变量，只需要告诉我们事物相对于彼此变化的方式，也就是告诉我们这些变量之间的关系是怎样的。[1]

量子引力的基本方程就是这样构建的，其中不包含时间变量，而是通过指出变量之间的可能关系来描述世界。[2]

1967年，不含时间变量的量子引力方程首次出现，这个方程由两位美国物理学家布赖斯·德维特（Bryce DeWitt）与约翰·惠勒（John Wheeler）发现，如今被称为惠勒–德维特方程。[3]

　　起初没有人能理解这个不含时间变量的方程的含义，也许惠勒和德维特他们自己也不理解。（惠勒：解释时间？不解释存在就没法解释时间！解释存在？不解释时间就没法解释存在！发现时间与存在之间深刻与隐秘的关联，是留给未来的任务。）[4]研讨会上、辩论中、论文里，这个课题讨论得非常多。[5]而现在，我认为一切已经尘埃落定，事情已经非常明朗。在量子引力的基本方程中，缺少时间变量根本不是什么神秘的事情。这不过是因为，在基本层面上不存在任何特殊变量。

　　这个理论并不描述事物在时间中如何演化，它描述的是事物相对于彼此怎样变化，[6]事物相对于彼此怎样出现。如此而已。

　　布赖斯和约翰在数年前离开了我们。我认识他们，并且非常欣赏与尊敬他们。我在马赛大学学习时，在墙上挂了一封信，这封信是约翰·惠勒得知我在量子引力方面的第一项成果时写给我的。我每次重读这封信时，都混杂着骄傲与怀念的情绪。真希望在我们有限的几次会面中，我向他请教过更多的问题。我最后一次去普林斯顿见他时，我们一起散了很久的步，他用老人的柔和嗓音对我说话。对于他所说的，我没能理解太多，但是也不敢总向他询问，以免劳烦他重复自己先前的话。现在他已经不在了，我再也无法问他问题，或者告诉他我的所思所想。我再也无法告诉他，在我看来他的想法是正确的，并且感谢他在我的研究生涯中一直指引着我。我再也无法告诉他，我相信，他是第一个如此接近量子引力奥秘核心的人。因为他不在这儿了，不在此时此地。现在是我们的时代了，有记忆与怀念，还有失去的痛苦。

但带来伤感的并非失去，而是情感与爱。没有情感，没有爱，失去也就不会带来痛苦。因此，即使是失去带来的痛苦，也是好事，甚至很美妙，因为它让生命充满意义。

我在伦敦找到了一个研究量子引力的小组，和他们第一次会面时我见到了德维特。我是个年轻的初学者，着迷于这个在意大利无人研究的神秘课题，而他是这方面的专家。我去了帝国理工学院见克里斯·伊萨姆（Chris Isham），我到那儿的时候，得知他正在顶楼平台。他们在一张小桌旁坐着，我看到了克里斯·伊萨姆、卡雷尔·库查尔（Karel Kuchar）和布赖斯·德维特——近年来我主要在研究他们三位的理念。我透过玻璃看到他们，彼时留下的深刻印象令我至今记忆犹新。他们正在安静地讨论，我不敢扰扰。于我而言，他们就像三位伟大的禅师，在神秘的微笑间交流着高深的真理。

不过他们也许只是在讨论去哪儿吃晚饭。重游此地，回忆起这个片段，我意识到那时的他们比现在的我还年轻。这也是时间：奇特的视角转换。德维特去世前不久在意大利接受了一次很长的采访，采访内容后来发表在一本小书里。[7]那时我才了解到，他比我想象的更认同与支持我的工作，因为在我们的对话中，他更多是在提出批评，而非表达鼓励。

约翰与布赖斯是我的精神之父。求知若渴之时，我在他们的思想中发现了新鲜纯净的水源。谢谢你，约翰！谢谢你，布赖斯！生而为人，我们依靠情感与思想而活。当我们在同一时间、相会于同一地点时，会彼此交谈，会凝望对方的眼睛，轻触彼此的皮肤，如此交流情感与思想。我们在这种相遇与交流中得到滋养。但实际上，我们并不需要在同一时间地点才能进行交流。在我们之间创造情感纽带的思想与情感，会毫无阻碍地穿越海洋与数十年甚至数百年时间，记录在纤薄的纸面上，或在电脑的芯片间舞蹈。我们是网络的一部分，超越生命的寥寥数日，超越脚踩的几寸土地。这本书也是这张网的一部分……

但我已经跑题了，失去了思路。对约翰和布赖斯的怀念让我偏题了。在这一章里我只是想说，他们已经发现了描述世界的动力学的方程极其简单的结构，它描述可能的事件以及它们之间的关联，仅此而已。

这就是世界运行机制的基本形式，无须提到"时间"。不含时间的世界并不复杂，它是个相互关联的事件网络，其中的变量遵循概率法则，而我们居然在很大程度上知道怎样来描述它们。这是个清澈的世界，清风吹过，美丽如峰峦，亦如少年龟裂的嘴唇。

基本量子事件与自旋网络

我所研究的圈量子引力的方程[8]是惠勒和德维特理论的现代版本。这些方程中没有时间变量。

理论中的各种变量描述了形成物质、光子、电子、原子的其他组成部分的各种场，以及引力场，它们都在同一个层次上。圈理论不是个"统一的万物理论"，从一开始也没有宣称自己是科学的终极理论。它由自洽的几个不同部分组成，力求"只是"对迄今为止我们所理解的世界进行自洽的描述。

场以分立的形式显现：基本粒子、光子、引力子或其他"空间量子"。这些基本粒子并不存在于空间之内，而是形成空间。世界的空间由它们之间相互作用的网络组成。它们并不居于时间之中，而是彼此间不断相互作用，只有在相互作用时才存在。这种相互作用就是世界的现象，是时间最微小的基本形式，既没有方向，也非线性。它也不具有爱因斯坦研究的平滑弯曲的几何结构。它是一种相互作用，量子在相互作用中与发生相互作用的事物相关联，并且显现自身。

这些相互作用的动力学是概率性的。某个事件发生或某样东西会出现的概率，原则上可以用这个理论的方程来计算。

我们无法画出一幅世界上所有发生之事的完整地图或

几何图，因为这些现象——包括时间的流逝——只有在与一个物理系统相互作用时才会出现。世界就像是相互关联的点的集合。谈论"从外面看到"的世界是没有意义的，因为没有什么在世界"外面"。

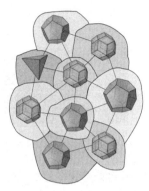

基本空间微粒图示（或自旋网络）

引力场的基本量子存在于普朗克尺度，它们是编织了不固定结构的基本微粒，爱因斯坦以此重新解释了牛顿的绝对时空。是这些基本量子，以及它们之间的相互作用，决定了空间的延展与时间的间隔。

空间邻近的关联把这些空间微粒联结成网，我们称之为"自旋网络"，"自旋"一词来源于描述空间微粒的数学。[9]自旋网络中的一个环称为"圈"，"圈理论"就因这些圈而得名。

这些网络进而会通过不连续的跳跃彼此转化，成为在理论中被描述为"自旋泡沫"的结构。[10]

这些跳跃的出现绘制出的图案，在大尺度上就像是时空的平滑结构。在小尺度上，理论描述了一种涨落、概率性、不连续的"量子时空"，在这一尺度上，只有一大群疯狂的量子出现又消失。

自旋网络图示

　　这就是我每天要面对的世界，不同寻常，但并非毫无意义。例如，在马赛，我的研究团队正在计算黑洞经过量子态而爆炸所需的时间。

　　在这个过程中，黑洞内部及周围不存在单一与确定的时空，存在的是自旋网络的量子叠加。正如一个电子会在发射与抵达屏幕这两个时刻之间展开为概率云，经过不止一

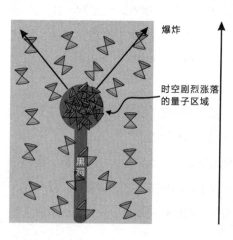

个位置，一个黑洞量子坍缩的时空也会经历一个阶段，其中时间会剧烈涨落，不同时间会量子叠加，然后在爆炸后重新变成确定状态。

在这个中间状态，时间完全不确定，但仍有方程可以告诉我们发生了什么，这些方程不包含时间。

这就是圈理论描绘的世界。

我能够确定这就是对世界的正确描述吗？不能，但这是迄今为止我所知道的，在不忽略量子特性的前提下，思考时空结构的唯一自洽与完备的方式。圈量子引力表明，写出一个不包含基本时空的自洽理论是可能的，并且能够用它做出定性的预测。

在这种理论中，时间与空间不再是容器或世界的一般形式。它们只不过是量子动力的近似，其中既不包含时间，也不包含空间，只有事件与关联。这是一个没有基础物理学中的时间的世界。

第三部分

时间的来源

The Sources of Time

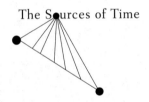

9　时间即无知

不要问

你我的时日

大帛斑蝶

这是个秘密，我们无法理解

不要尝试深奥的计算

生有时，死有时；哀恸有时，跳舞有时；杀戮有时，医治有时；摧毁有时，建造有时。*至此，是时候摧毁时间了。现在要重建我们所体验的时间：寻找其源头，理解它来自何处。

在世界的基础动力学中，如果所有变量都是等价的，那我们人类称之为"时间"的东西，究竟是什么呢？我的手表测量的是什么？总是向前奔跑，从不倒退的是什么？又为何

---

* 参见《圣经·传道书》。

如此？也许它不是世界基本语法的一部分，那它是什么呢？

许多东西都不是世界基本语法的一部分，而只是以某种方式"显现"。比如：

- 猫不是世界的基本要素。它是一种在我们星球许多地方都显现的复杂事物，并可进行繁衍。

- 操场上的一群男孩要进行一场比赛，他们要组队。我们通常是这么做的：两个最厉害的孩子会轮流挑选想要的队员，然后掷硬币决定谁来开球。在这个正式的流程之后，会有两支队伍。在挑选之前，这两支队伍在哪儿呢？它们并不存在，它们是从这一过程中产生的。

- "高"与"低"从哪儿来？这些术语我们十分熟悉，但并没有出现在基本方程里。它们来自与我们紧密相连并且吸引着我们的地球。"高"与"低"在宇宙中特定的环境下、在质量很大的物体附近才会显现。

- 在山里，我们看到山谷被云层环绕。云层表面闪烁着点点微光，洁白无瑕。我们向山谷走去，空气变得更加湿润，不那么清晰了，天空也不再湛蓝。我们发现自己身处迷雾中。之前所说的云层表面去哪儿了呢？它消失了。它的消失是渐进的，没有一个表面把雾与高处稀薄的空气分隔开。这是个幻象吗？不是，这是从远处看的景象。仔细想想的话，所有表面都是如此。如果我缩小到足够小的原子尺度，这张大理石桌看起来也会像雾。靠近去看时，世上的一切都变得模糊了。高山从哪里开始，平原又在哪里终止？非洲大草原从哪里开始，沙漠又在哪里终止？我们把世界分割成很多部分，用对我们有意义的概念来思考，这些概念只在特定尺度才会显现。

● 我们看到天空每天都围绕我们旋转，但旋转的其实是我们。宇宙每天的旋转景象是个"幻觉"吗？不，它是真实的，但不只与宇宙本身有关。它与我们和太阳以及星星的关系有关。我们通过理解自己是怎样运动的来理解这个问题。宇宙的运动从宇宙与我们之间的关系中显现。

在这些例子中，这些真实的事物——猫，足球队，高与低，云层表面，宇宙的旋转——都从世界中显现，而从更简单的层面上来说，世界上并没有猫、球队，没有高或低，没有云层表面，没有旋转的宇宙……时间从没有时间的世界中显现，与这些例子有相似之处。

这两小章（本章与下一章）开始讲时间的重建，很简短，有些专业。如果你觉得比较难读，可以跳过，直接读第11章。从那儿开始，我们会逐步谈到更多与人类自身有关的事情。

热力学时间

在分子热运动疯狂混合的过程中，所有能够变化的量都在不停变化。

然而，有一个量不会变：孤立系统的总能量。能量与时间之间有着紧密的联系，它们组成了很有特点的一对物理量，物理学家称为"共轭"，例如位置与动量，方向与角动量。这些成对的量彼此关联。一方面，知道一个系统的能量可能是多少[1]——它与其他变量之间的关联——就相当于知道了时间如何流动，因为时间演化的方程遵循能量的形式。[2]另一方面，能量在时间中是守恒的，因此即使其他量发生改变，它也不会变化。在热振动中，系统（遍历性地）经过的所有状态都具有相同的能量。我们宏观的模糊视野无法区分的这些状态的集合，就是（宏观的）平衡态：一杯平静的热水。

通常解释时间与平衡态之间关联的方式，是把时间看作绝对的、客观的；能量会掌管系统的时间演化；平衡态系统是所有相同能量状态的混合。因此，解释这个关系的传统逻辑是：

时间→能量→宏观态[3]

也就是说，要定义宏观态，我们首先需要知道能量；而要定义能量，我们得先知道时间是什么。按照这种逻辑，先有时间，并且时间独立于其余部分。

但对于这个关系，还有另一种思考方式：反向来解读。即观察到一个宏观态，也就是世界的模糊形象，它可以被解释为具有一定能量的混合，这又会产生时间。也就是：

宏观态→能量→时间[4]

这种观察开启了一个新视角：在一个没有任何像"时间"那样特殊的变量的基本物理系统中，所有变量都属于同一层次，但用宏观态来描述时，我们只有个模糊的概念——一般的宏观态会决定一个时间。

我要再重复一遍，因为这点很重要：一个宏观态（忽略细节）选择了一个特殊的变量，该变量具有时间的某些特征。

换句话说，时间被确定下来，仅仅是"模糊"的结果。玻尔兹曼明白，热现象与模糊有关，因为在一杯水中，有无数我们看不到的微观现象，水的可能微观状态的数量就是它的熵。但还有些东西是真的，模糊本身决定了一个特殊的变量：时间。

在基础相对论物理学中，没有变量扮演着像时间那样先验的角色，我们可以把宏观状态与时间演化之间的关系反转：并不是时间的演化决定了状态，而是状态——模糊——决定了时间。

像这样由宏观状态确定的时间被称为"热力学时间"。在何种意义上可以说它就是时间呢？从微观视角来看，它没有什么特别的——它和其他变量一样。但从宏观来看，它有个重要的特征：在那些同一层次的变量中，热力学时间的表现方式最接近于我们通常所说的"时间"，因为它与宏观态的关系就是我们从热力学中得知的那样。

但它并不是个统一的时间，它由宏观态决定，也就是被模糊、被描述的不完备决定。下一章里我会讨论这种模糊的起源。但在此之前，让我们更进一步，把量子力学考虑进来。

量子时间

罗杰·彭罗斯（Roger Penrose）是关注时空问题的科学家中讲得最清晰明了的一位。[5]他得出结论说，相对论与我们关于时间流动的经验并不矛盾，但它对此解释得也不够充分。他指出，遗漏之处可能在于量子相互作用[6]中发生的一些事情。伟大的法国数学家阿兰·科纳（Alain Connes）指出了量子相互作用在时间根源起到的深刻作用。

当相互作用使得分子的位置确定之后，分子的状态就转变了。分子的速度也同样如此。如果先确定的是速度，然后是位置，即这两个事件的顺序是相反的，那么分子的状态就会以不同的方式转变。顺序是有影响的。如果我先测量电子的位置，再测量速度，那么它状态的改变就与先测速度再测位置不同。

这被称为量子变量的"非对易"，因为位置与速度"不对易"，意思是说，它们交换顺序会有影响。这种非对易是量子力学的典型现象。非对易确定了顺序，在确定两个物理量的同时也带来了时间的起源。确定一个物理量并不是独立的行为，它需要相互作用。这些相互作用的效果取决于顺序，这一顺序正是时间顺序的最初形式。

这些相互作用的效果取决于发生时的顺序，也许这才是世界时间顺序的源头。这是科纳提出的有趣的想法：在基本的量子转换中，时间的第一个萌芽就在于这些相互作用是（部分）自然有序的。

科纳为这种想法提供了一种精炼的数学版本：他证明了一种时间流可以由物理量的非对易隐含地定义。由于这一非对易，一个系统中的物理量集合定义了一种数学结构，称为"非对易冯·诺伊曼代数"，科纳证明了这些结构本身就包含被隐含定义的流动。[7]

令人震惊的是，阿兰·科纳的量子系统流与我之前讨论过的热力学时间之间有着极其紧密的联系。科纳证明，在量子系统中，由不同宏观态决定的热流是等价的，具有特定的内在对称性，[8]它们共同形成了科纳的量子系统流。更简单点说，由宏观状态决定的时间与量子非对易决定的时间是同一现象的不同方面。[9]

我相信，这个热力学时间及量子时间，[10]就是在真实宇宙中我们称为"时间"的变量，而在基本层面这个时间变量并不存在。

事物固有的量子不确定性产生了模糊，就像玻尔兹曼的模糊那样，确保了即便可以测量所有的可测量量，世界的不可预知性仍然存在，这与经典力学指出的截然相反。

模糊的起源——量子不确定性，以及物理系统由无数分子组成这一事实，都是时间的核心。时间与模糊密切相关。模糊是由于我们不知道世界的微观细节。物理学的时间，从根本上讲，是我们对世界无知的体现。时间即无知。

阿兰·科纳与两个朋友合著了一部短篇科幻小说。主角夏洛特在某一时刻可以掌握世界的全部信息，没有模糊。她能够直接"看见"世界，超越时间：

　　我拥有一笔无人知晓的财富，我拥有对自己的存在全观的视野——不只是对一瞬间，而是对"作为一个整体"的我的存在。我能够把空间的有限本质与时间的有限本质进行比较，对于前者，没有人反对，而对于后者，人们却有太多愤怒。

然后回到时间：

　　我记得我失去了由量子景象产生的所有无限的信息，这一失去足以让我无法抵抗地被拖回时间的河流。

这种情感是由时间的情感造成的：

　　这一时间的再现于我而言就像是干扰，它是精神混乱、痛苦、恐惧、错乱的源头。[11]

　　我们关于现实模糊与不确定的图景确定了一个变量，即热力学时间，它具有特定的奇怪的性质，与我们所说的"时间"有了相像之处：它与平衡态有着恰当的联系。

　　热力学时间与热力学密切相关，因此与热量有关，但它与我们体验的时间还不太像，因为它没有区分过去与未来，没有方向，缺少我们所说的流动。我们还没有抵达我们自身体验到的时间。

过去与未来的分别对我们来说如此重要：它来自何处呢？

10　视角

在他的智慧

无法穿透的夜晚

一个神灵

关闭了

时间的纽带

来嘲笑

我们人类的恐惧

过去与未来之间的全部差别也许单纯是因为熵在过去要低一些。[1]熵为何在过去会低呢?

在这一章里,我会叙述一种观点,提供一种可能的答案,"如果你要听我的答案,请明白这也许只是个不切实际的推测"。[2]我无法确定这个答案是正确的,但我很喜欢这个答案。[3]它或许可以解释很多事情。

我们才是旋转的那个!

无论我们人类有什么特殊之处，具体说来，我们只是自然的一分子，只是宇宙这幅宏伟壁画的一部分，只是和其他众多部分一样的一小部分。

在我们与世界的其余部分之间，存在着物理相互作用。很明显，并非所有变量都与我们或我们所在的那部分世界相互作用。只有很少的变量会有影响，绝大多数根本不会有什么影响。它们不会记得我们，我们也不会记住它们。世界的不同状态对我们来说似乎是等价的，这就是其中的原因。世界的两个部分——我与一杯水之间的物理作用，独立于水中单个分子的运动。同样，世界的两个部分——我与一个遥远星系之间的物理作用，也会忽略在那里出现的细节。我们对世界的视野之所以是模糊的，是因为我们所处的这部分世界与其余部分之间的相互作用会无视很多变量。

这种模糊是玻尔兹曼理论的核心。[4]从这种模糊之中，热量与熵的概念诞生——而这些与具有时间之流特征的现象紧密相连。一个系统的熵与模糊直接相关。它取决于我没有记录下什么，因为它取决于不可分辨状态的数量。同一微观状态相对于一种模糊的状态熵也许很高，而相对于另一种状态也许熵就会很低。

这并不意味着模糊只是一种心理上的构想，它依存于实际的、真实存在的物理作用。[5]熵不是个任意或主观的量。它是个相对量，就像速度。

一个物体的速度不是这个物体本身的属性，而是这个物体相对于另一物体的属性。在一列行进的火车上奔跑的孩子的速度相对于火车有一个值（每秒几步），相对于地面又有一个值（每小时一百千米）。如果孩子的妈妈告诉他"不要动"，她并不是让他从窗户跳出去，相对于地面静止。她的意思是孩子应该相对于火车停下来。速度是一个物体相对于另一物体的属性，是个相对量。

熵也是如此。A相对于B的熵，要计算A与B之间的物理作用中未能区分的A的状态的数量。

这一点经常引起困惑，把它澄清以后，就为时间之矢之谜提供了一种很吸引人的解决方案。

世界的熵并非只取决于世界的状态，也取决于我们模糊世界的方式，而这又取决于我们与哪些变量相互作用，即我们这部分世界与变量的相互作用。

在遥远的过去，世界的熵在我们看来非常低，但这也许没有反映出世界的准确状态，也许只考虑了我们作为物理系统相互作用过的变量的子集。我们与世界之间的相互作用，以及描述世界所用的一小部分宏观变量，会产生模糊，正是由于这种显著的模糊，宇宙的熵才很低。

这一事实开启了一种可能性：也许并不是宇宙在过去处于一种特殊状态，也许其实是我们，以及我们与世界的相互作用，才是特殊的。是我们决定了特殊的宏观描述。宇宙最初的低熵，以及时间之矢，也许更多源于我们，而非宇宙本身。基本的理念就是如此。

考虑一个最壮观也最明显的现象：天空每天的旋转。这是我们周围的宇宙最直接又壮观的特点——它在旋转。但这个旋转真的是宇宙的特点吗？并非如此。虽然花费了数千年时间，但我们最终明白了旋转的是我们，而非宇宙。天空的旋转是一种视角的效果，是由于我们在地球上特殊的运动方式，而不是由于什么宇宙动力的神秘属性。

对于时间之矢，恐怕情况也是类似的。我们作为物理系统的一部分，宇宙最初的低熵也许是由于我们与宇宙相互作用的特殊方式。我们是宇宙某些方面很特殊的子集，正是这点确定了时间的方向。

我们与世界其他部分特殊的相互作用如何决定最初的低熵呢？

很简单。取十二张牌，六张红色六张黑色，把六张红牌都放在上面。洗一下牌，然后找一找在红牌上面的黑牌。洗牌之前没有一张黑牌在上，洗完之后会有一些。这就是熵增加的一个简单例子。游戏开始时，在红牌上面的黑牌数量为零（熵很低），因为开始时牌处于特殊的序列。

但现在让我们玩另一个游戏。首先，随意洗牌，然后看前六张牌，并且记下来。然后洗下牌，看一看有哪些其他牌跑到前六张去了。最初一张没有，然后数量增加了，和上个例子一样，熵也增加了。但这两个例子有个关键的区别：在这个例子开始时，牌是随机排列的。是你记下了哪些牌开始时在上半部分，然后宣称它们很特殊。

对宇宙的熵而言，也许同样如此：也许它并没有处于什么特殊状态；也许是我们处于一个特殊的物理系统中，相对于这个系统，宇宙的状态才很特殊。

但为什么会存在这样一个物理系统，宇宙最初的状态相对于它会如此特殊呢？因为在广袤的宇宙中存在着无数物理系统，彼此相互作用的方式更是数不清。在这些系统中，通过无休止的概率游戏以及庞大的数字，必然会有某些系统在与宇宙其他部分相互作用的过程中，正好有某些变量在过去呈特殊值。

我们的宇宙如此巨大，存在一些"特殊"的子集，也不是什么让人惊讶的事。有人中了彩票，没什么可惊讶的，每周都有人中。假定整个宇宙在过去都处于特别"特殊"的状态并不十分正常，但假设宇宙有一些部分很"特殊"，就没有什么不正常的了。

如果宇宙的一个子集在这种意义上很特殊，那么对这个子集而言，宇宙的熵在过去就很低，热力学第二定律就成立；记忆会存在，痕迹会留下，也会有进化、生命与思想。

换句话说，如果宇宙中有这样的东西——对我来说肯定会有——那么我们就刚好属于它。此处，"我们"指的是我们经常接触并且用来描述世界的物理量的集合。因此，也许，时间的流动不是宇宙的特征，就像天空的旋转来自我们在自己角落中的独特视角。

但为什么我们会属于这些特殊的系统呢？苹果长在喝苹果酒的北欧，葡萄长在喝葡萄酒的南方，和这个是同样的原因。或是在我出生的地方，人们居然刚好说的是我的母语；或是温暖我们的太阳与我们的距离刚好合适——不近也不远。这些例子里，"奇特"的巧合都源于把因果关系搞反了：不是苹果长在了喝苹果酒的地方，而是在有苹果的地方，人们才喝苹果酒。这样说的话，就没什么奇怪的了。

同样，在宇宙无限的种类里，可能会有一些物理系统，它们通过一些特殊的变量与世界其他部分相互作用，定义出初始的低熵。对这些系统来说，熵在不停增加。在那里，而非其他地方，存在着与时间流动相关联的典型现象：生命，进化，思想，以及我们对时间流逝的感知，都成为可能。在那里，苹果生长，产出了我们的苹果酒：时间。这甜美的果汁中蕴含了所有的美食以及生命的滋味。

指示性

在进行科学活动时，我们想要以尽可能客观的方式描述世界。我们尽力消除源于自身视角的扭曲与错觉。科学渴求客观，希望能够在有可能达成一致的事情上得到统一的观点。

这很让人钦佩，但我们需要留意的是，如果忽视了进行观察的视角，我们也会失去一些东西。在急切追求客观性的同时，科学千万不能忘记，我们对世界的经验来自世界内部。我们给世界投去的每一瞥都来自一个特殊的视角。

把这一事实考虑在内，就可以阐明很多事情。比如，它可以阐明，地图告诉我们的与我们实际所见之间的关系。要把地图和我们的所见进行比较，需要加入一条关键信息：我们必须在地图上认出我们的准确位置。地图并不知道我们在哪儿，至少当它没被固定在它所标示的那个位置时是这样的——山村里的有些地图会标出可以走的路线，旁边有个红点，写着"您在此处"。

这是个很奇怪的说法，地图怎么知道我们在哪儿呢？也许我们是用望远镜从远处看到的。它应该说："我是一张地图，我在此处。"并在红点旁加个箭头。但是一行文字谈到它自己，这也显得有点奇怪。这是怎么回事呢？

这就是哲学家所谓的"指示性"：一些词语的特点是，每次使用时都具有不同的含义，由地点、方式、时间和说出的人决定。诸如"这里""现在""我""这个""今晚"这样的词，它们都有着不同的含义，其含义取决于是谁说的，以及在什么环境下说的。如果我说"我的名字叫卡洛·罗韦利"，这是对的，如果另一个不叫这个名字的人也这么说，就不对。"现在是2016年9月12日"，我在写这句话的时候，这么说是对的，但再过几个小时就不对了。这些指示性的用法很明确地说明了视角是存在的，视角就是我们对可观测的世界做出的每个描述中都存在的要素。

如果我们对世界做出一个忽略视角的描述，即只"来自外部"，脱离空间、时间、主体，那么也许我们可以说出许多事情，但会丢失世界的某些重要方面。因为展示给我们的世界正是从世界内部看的，而不是从外部。

我们看到的世界上的许多事物，如果把视角考虑在内，就可以理解了。如果我们不这样做，那些事物反而会难以理解。在每个经验中，我们都位于世界之内：在思维、大脑之内，在空间中的某个位置，在时间的瞬间之中。为了理解我们对时间的经验，我们存在于世界之中这一点是至关重要的。简而言之，属于"从外部观察"的世界的时间结构，以及我们作为世界的一部分、身处其中所观察到的世界的那些方方面面，我们千万不能把这二者混淆。[6]

要使用一张地图，只从外面看是不够的，我们必须知道，相对于它所表示的内容，我们的位置在哪里。想要理解我们的空间经验，只考虑牛顿空间是不够的，我们必须记得，我们是从内部观察这个空间的，而且我们局限于某个位置。为了理解时间，从外面来思考也不够，必须明白，我们每一刻的体验，都处于时间之内。

我们从内部观察宇宙，与宇宙无数变量中极其微小的一部分相互作用。我们见到的是一幅模糊的图景，这幅模糊的图景表明，与我们相互影响的宇宙的动力由熵掌控，它衡量模糊的程度。比起宇宙，它所衡量的与我们更有关系。

我们正在危险地靠近自己。我们几乎可以听到忒瑞西阿斯（Tiresias）在《俄狄浦斯王》（Oedipus）中说道："停下来！否则你就会找到自己。"或是宾根的希尔德加德（Hildegard of Bingen），他在12世纪找寻绝对，最终把"宇宙人"放了宇宙中心。

但是，在来到"我们"之前，还需要一章，来说明熵的增加怎样产生了整个宏大的时间现象——也许只是视角的效应。

让我总结一下在这两章里讲过的难懂的内容，

在宇宙中心的人，出自宾根的希尔德加德的《神之功业书》（1164—1170）

希望还没有失去所有读者。在基本层面，世界是事件的集合，不按时间顺序排列。这些事件会在先验的物理量之间显示出同一层次的关系。世界的每个部分与全部变量的一小部分相互作用，数值决定了"世界相对于那个特殊子系统的状态"。

一个小系统S无法区分宇宙其余部分的细节，因为它只与宇宙其余部分的很少一部分变量相互作用。宇宙相对于S的熵，计量的是S无法分辨的宇宙的（微观）状态。相对于S，宇宙显现出高熵状态，因为（根据定义）有更多的微观状态处于高熵状态，因而它更有可能刚好是这些微观状态中的一个。

按照上面的解释，有一种流动与高熵状态相关，这种流动的参数就是热力学时间。对于一个普通的小系统S，在整个热力学时间流动的过程中，熵会一直很高，当然也许会上下涨落，因为毕竟我们面对的是概率，而非不变的法则。

但在这个我们碰巧栖居的极其巨大的宇宙中，有无数个小系统S，其中一些小系统S中，熵的涨落很特殊，在热力学时间流动的其中一端，熵刚好较低。对这些系统S而言，涨落不对称，熵是增加的。这种增加就是我们体验到的时间流动。特殊的并不是早期宇宙的状态，而是我们所属的小系统S。

我无法确定是否讲了个似乎有道理的故事，但我也不知道其他更好的故事了。不然，我们就得接受那个基于我们观察的假设——熵在宇宙形成之初很低——并且到此为止了。[7]

　　克劳修斯提出的法则 $\Delta S \geqslant 0$，以及玻尔兹曼给出的解释，一直指引着我们：熵永远不会减少。暂时忘记它之后，为了寻找世界的普遍规律，我们再次发现了它——对特殊子系统来说，它是一种可能的视角的结果。让我们再从那儿开始。

11　特殊之处会出现什么

> 为何高高的松树
>
> 与灰白的白杨
>
> 枝丫纠缠在一起
>
> 为我们提供如此甜美的阴凉？
>
> 为何流水
>
> 在湍流中
>
> 创造了生机勃勃的漩涡？

推动世界的不是能量，而是熵

在学校里，我被告知让世界运转的是能量。我们需要获得能量，比如从石油、太阳或核能那里。能量使机器运转，让植物生长，让我们每天早上起来充满活力。

但还有些东西没有被考虑进去。我在学校里还被告知，能量是守恒的，它既不会被创造，也不会被毁灭。如果它是守恒的，为什么还需要不断补充呢？为什么我们不能一直使用相同的能量？

真相是有很多能量，而且没有被消耗掉。世界运转需要的不是能量，而是低熵。

能量（无论是机械能、化学能、电能还是势能）都会把自己转化为热能，即热量，它会传到冷的物体。但要想把它取回来，重新用来让植物生长，或驱动发动机，这样的免费方式并不存在。在这个过程中，能量保持不变，但熵增加了，熵无法回转。这是热力学第二定律要求的。

让世界运转的不是能源，而是低熵源。没有低熵，能量会稀释成相同的热量，世界会在热平衡态中睡去——过去与未来不再有分别，一切都不会发生。

在地球附近，我们有着丰富的低熵源——太阳。太阳给我们送来炙热的光子，然后地球向黑暗的天空辐射热量，发射冷的光子。输入的能量与输出的能量大致相等，因此，在交换过程中，我们并没有得到能量（在交换过程中得到能量对我们而言是灾难性的，将会导致全球变暖）。但对于每个到来的热光子，地球会发射十个冷光子，因为来自太阳的一个热光子与地球发射的十个冷光子具有相同的能量。一个热光子比十个冷光子具有的熵更少，因为一个（热）光子状态的数量比十个（冷）光子状态的数量要少。因而，太阳对我们而言，是个丰富且持续不断的低熵源。我们拥有充足的低熵可以使用，能够让动植物成长，让我们建造汽车与城市，以及思考和写书。

太阳的低熵来自何处呢？原来，太阳诞生于一个熵更低的状态，形成太阳系的原始星云甚至有着更低的熵，如此，一直向过去追溯，直到宇宙最初极低的熵。

正是这个熵的增加驱动了宇宙的伟大故事。

但宇宙熵的增加并不迅速，不像盒子里的气体突然爆炸那样，它是渐进的，需要时间。即便有个巨大的汤勺，要搅拌宇宙这样大的东西，也需要时间。首先，宇宙熵增加的路上有很多阻碍和关闭的门，只有经历极大的困难才能出现通道。

比如，一堆木头如果放着不管，可以存在很久。它不处于熵最大的状态，因为构成它的元素——比如碳和氢——以一种非常特殊的（有序的）方式结合在一起，从而形成木头。如果这些特殊的结合破裂了，熵就会增加。这就是木头燃烧时会出现的情况：这些元素会从构成木头的特殊结构中脱离，熵大幅增加（事实上，燃烧是个显著的不可逆过程）。但木头不会自己燃烧起来，它会在低熵状态维持很久，直到有东西打开一扇门，让它进入更高熵的状态。一堆木头就像一副牌，处于不稳定状态，但除非有某样东西让它进入更高熵的状态，否则它不会瓦解。比如说，这种东西可以是一根火柴点燃的火焰，这个过程会开启一个通道，木头可以由此进入更高熵的状态。

有些阻碍的情况存在，进而减缓整个宇宙熵的增加。例如，在过去，宇宙基本上是一大片氢，氢会结合为氦，氦比氢的熵要高。但这一情况的出现需要开启一个通道：得有星星燃烧，让氢燃烧成为氦。什么会使星星燃烧呢？这就需要另一个熵增加的过程——环行星系的氢云引力造成的收缩。收缩的氢云比分散的氢云具有更高的熵，[1]但氢云太大了，需要数百万年才能收缩。只有集中起来以后，它们才能加热到某个点，引发核聚变过程。引燃核聚变为熵的进一步增加打开了大门：氢燃烧为氦。

整部宇宙史都由这种断断续续的或急剧的熵增组成，既不迅速也不均匀，因为一切会一直陷在低熵的凹地里（木头、氢云），直到某样东西把大门打开，让熵增过程出现。熵增本身也会打开新的大门，由此熵继续增加。比如，山里的水坝可以存水，直到它随着时间推移逐渐损坏，水会再流到山下，使得熵增加。在这个毫无规律的过程中，宇宙中或大或小的部分会在相对稳定的状态下保持孤立，并且可能会持续很久。

生物也由类似错综复杂的过程组成。光合作用把来自太阳的低熵储存在植物里，动物则"进食"低熵。（如果我们所需能量胜于低熵的话，那我们就会向撒哈拉的热量进发，而不是去吃下一顿饭了。）在每个活的细胞内，化学过程的复杂网络都是个可以开关大门的结构，低熵可以由此增加。分子的功能是扮演让过程交织在一起的催化剂，或是反过来阻碍这些过程。每个单独过程的熵增使得整体能够运转。生命就是熵增过程的网络，这些过程可以作为彼此的催化剂。[2]有时人们会说，生命会产生特别有序的结构，或是在局部熵会减少，这些说法并不正确。生命仅仅是分解与消耗食物低熵的过程，它的结构本身就是无序的，和宇宙其余部分一样。

即便最平淡无奇的现象都由热力学第二定律掌管。石头会落到地面，为什么呢？人们经常解读说，这是因为石头会把自己置于"较低能量的状态"，因而最终会停在较低位置。但为什么石头会让自己处于较低能量的状态呢？如果能量是守恒的，为什么它会失去能量呢？答案是当石头撞击地球时，会加热地球：它的机械能会转化为热量，并且热量无法收回。如果热力学第二定律不存在，如果热量不存在，如果微观聚集不存在，石头就会永远反弹下去，永远不会停下来。

让石头停在地面以及让世界运转的，是熵，而不是能量。

宇宙的形成就是个逐渐无序的过程，就像那副牌，一开始有序，洗牌之后变得无序。并没有一双巨大的手在洗宇宙这副牌，它自己就能进行混合，在逐步混合的过程中，各部分之间会开启与关闭，并进行相互作用。广阔的区域会一直维持有序的状态，直到到处都有新的通道开启，无序由此扩散开来。[3]

让世界上的事件得以发生的，让世界书写其历史的，是万物不可遏止的混合——从少数有序的状态变为无数无序的状态。整个宇宙就像一座缓慢倒塌的山，像个逐渐瓦解的结构。

从最微小的事件到更复杂的情况，都是这一不断增加的熵的舞蹈，是毁灭者湿婆的真实舞蹈，被宇宙最初的低熵滋养孕育。

痕迹与原因

熵在过去比较低这一事实导致了一个重要结果，这一结果是普遍存在的，对过去与未来之间的区别至关重要：过去会在现在留下痕迹。

痕迹到处都有。月球上的坑证实了过去的冲击，化石展现出很久以前生物的模样，望远镜可以证明星系在过去有多远，书本记载着我们的历史，我们的脑海中充满记忆。

存在的是过去的痕迹，而非未来的痕迹，仅仅是因为过去的熵较低。不可能有其他原因，因为过去与未来之间区别的唯一来源就是过去的低熵。

为了留下痕迹，必须有什么东西被捕获，停止运动，而这只能发生在不可逆的过程中——也就是把能量变为热量。这样，电脑会变热，大脑也会变热，落在月球表面的流星会加热它，甚至本笃会修道院中山纪抄写员的鹅毛笔都会把他正在书写的那一页加热一点。在没有热量的世界，一切都会有弹性地回弹，不留下痕迹。[4]

大量过去痕迹的存在产生了那种熟悉的感觉，认为过去是确定的。而不存在任何与之相似的未来痕迹让我们产生了一种感觉：未来是开放的。痕迹的存在让我们的大脑可以创造大量过去的地图，未来却没有与此相似的东西。这一事实是我们能够在世界上自由行动这种感觉的根源：虽然我们无法对过去做些什么，却能在不同的未来之间做出选择。

在进化的历程中，面对我们无法直接感知的事物（"我不懂为什么我这样忧郁。"安东尼奥在《威尼斯商人》一开头咕哝道），大脑的庞大机制已经经过设计，以便对可能的未来做出计算。这就是我们所说的"决定"。因为大脑可以根据现在详细描述出未来可能的样子（除了细节稍有出入），这样我们就会自然倾向于按照"原因"先于"结果"的逻辑来思考：过去的事件是未来事件的原因，如果没有这个原因，未来的事件就不会以完全相同的样子出现在我们的世界里。[5]

在我们的经验里,原因的概念在时间中是不对称的,原因先于结果。当我们发现两个事件"具有相同的原因"时,我们发现这个共同原因[6]在过去,而非未来。如果一场海啸的两股波浪同时到达邻近的岛屿,我们会认为在过去有一个事件引起了这两股波浪,我们不会去未来寻找。但那不是因为有一种从过去到未来的神奇的"因果"力量,而是因为两个事件之间关联的不可能性需要一些不可能之事,而只有过去的低熵才能提供这种不可能性。不然还有什么能提供这种不可能性呢?换句话说,那些存在于过去的原因只不过是过去低熵的显现。在热平衡态,或是在纯粹的力学系统中,由因果关系确定的时间方向并不存在。

基本物理法则并不讨论"原因",只讨论规律,而这些规律在过去与未来中是对称的。伯特兰·罗素(Bertrand Russell)在一篇著名的文章中谈到了这点,他着重写道:"因果关系法则……是一个过去时代的遗迹,它的存在就像君主立宪制,被错误地认为无伤大雅。"[7]当然他有些夸张了,因为在基本层次不存在"原因"这一事实,并不能成为废弃原因这一概念的充分理由。[8]在基本层次也没有猫,但我们并不会因此为猫感到担忧。过去的低熵使得原因的概念变得有效。

但记忆、原因与结果、流动、过去的确定性以及未来的不确定性,这些只不过是我们给一个统计事实的结果所起的名字，这一事实就是宇宙过去状态的不可能性。

原因、记忆、痕迹、世界生成的历史不只横跨了人类历史的几百年、几千年，而是宇宙故事的几十亿年。这一切都只源于这样一个事实：几十亿年前事物的结构是"特殊的"。[9]

而"特殊"是个相对的说法：相对于一种视角才特殊。它是一种模糊，由一个物理系统与世界其他部分的相互作用决定。因此因果关系、记忆、痕迹、世界以及发生的历史，都只是一种视角的结果，就像天空的旋转只是我们奇怪的视角的结果一样。于是，时间的研究不可避免地要回到我们自身。

12　玛德琳蛋糕的香味

快乐并做自己的主人

这样一个人

在其生命的每一天

都可以说:

"今天,我活过;

明天,不论上帝给我们

一片乌云,

还是一个

阳光澄澈的清晨,

他都不会改变我们可怜的过去。

流逝的时光

带给我们的记忆若不存在,

他便寸步难行。"

让我们把注意力转向自己,然后再转向涉及时间本质时我们所扮演的角色。最重要的一点是，作为人类，我们到底是什么呢？实体吗？但世界不是由实体构成的，而是由彼此联系的事件组成。那么，"我"是什么呢？

在公元1世纪用巴利文写成的佛经《那先比丘经》中，那先比丘（Nāgascna）回答弥兰陀王（King Milinda）的问题，否认了他作为实体的存在：[1]

> 弥兰陀王对智者那先说："师父，您叫什么名字？"老师回答道："大王，我被称为那先。那先只是个名字、称呼、符号、一个简单的词语，这里并没有人。"

这番言论听起来如此极端，国王被震惊了：

> 如果没有人存在，那在这儿穿着衣服还能吃东西的是谁呢？是谁在依美德而活？是谁在杀戮、偷盗，谁在享乐、妄语？如果没有行为者，也就没有善恶。

他继续争辩说，主体必须是自发的存在，无法还原为其组成部分。

　　师父，头发是那先吗？指甲、牙齿、肉或骨头
是那先吗？名字是那先吗？感觉、感知、意识是那
先吗？还是说这些都不是？

　　智者回答说，这些都不是"那先"，国王似乎赢得了这
场辩论：如果这些都不是那先，那他一定是其他什么——这
就是那先，因此他肯定存在。

　　但智者用国王的论证来反驳他，问战车由什么组成：

　　轮子是战车吗？车轴是吗？底盘是吗？战车是
这些部分的总和吗？

　　国王谨慎地回答说，"战车"当然指的只是车轮、车
轴、底盘这个整体的关系，以及与我们有关的整体运转——
超越这些关系与事件，并不存在一个"战车"的实体。那先
胜利了，和"战车"一样，"那先"这个名字命名的只不过
是关系与事件的集合。

　　我们是过程、事件、复合物，并且受限于时空。但如
果我们不是一个单独的实体，那么是什么建立了我们的身份
和统一性呢？是什么造就了这一切？我是卡洛，我的头发、
指甲、双脚被认作我的一部分，我的愤怒与梦也是我的一部
分，我认为今天的我与昨天的我是同一个卡洛，明天的我也

是如此——是那个在思考、受苦与感知的人。

不同的要素结合起来，造就了我们的身份。对本书的论点而言，有三个要素特别重要：

1

第一个是，世界上每个人都有自己的一种视角。通过对我们生存必不可少的广泛的相互关联，世界在每个人那里得到映现。[2]我们每个人都是复杂的过程，反映着世界，并以严格整合的方式，对我们接收到的信息进行加工和阐述。[3]

2

我们身份基础的第二个要素与战车的例子相同。在反映世界的过程中，我们把它组织为实体。我们会在一个大致均匀稳定的连续过程中，尽我们所能地通过聚合与分割来构想世界，与世界更好地相互作用。我们把一堆岩石组合成一个单独的实体，命名为勃朗峰（Mont Blanc），把它看作一个统一的事物。我们在世界上画线，把它划分为许多部分；我们建立边界，把世界分解为许多片，来估测它。我们神经系统的结构就是这样工作的，它接收感官刺激，不停加工信息，产生行为。神经元网络能形成灵活的动力系统，然后不断调整自己，力求对摄入的信息流做出尽可能长远的预测。[4]为了完成这一点，神经元网络会把动力系统中大致稳定的固定点与所接收信息中反复出现的模式联结起来，或是在加工过程中间接做到这一点，以此不断进化。在当前非常活跃的对大脑的研究中，我们似乎已经看到了这一点。[5]如果真是如此，那么"事物"和"概念"一样，就是神经动力中的固定点，由知觉输入与连续加工中反复出现的结构引发。它们反映了世界某些方面的结合，它取决于反复出现的结构及其与我们相互作用产生的关联。这就是一辆战车的组成。休谟会为我们对大脑理解的进展感到高兴。

特别是，我们把组成那些生物体（即其他人）的过程的集合整合为一个统一的形象，因为我们的生活是社会性的，因此我们与他人接触很多。他们是原因与结果的结点，与我们密切相关。在与其他同我们相似的人接触的过程中，我们形成了"人类"的观念。

我相信，我们关于自我的概念就源于此，而不是通过内省。当我们把自己看作个人时，我相信，我们正把发展出来用来与伙伴交往的精神回路应用于自身。

孩提时代，我关于自己的第一个形象就是我妈妈眼中的孩子。很大程度上，对自己而言，我们就是我们所看到的，以及朋友、亲人、敌人看到的我们。

我从未相信过笛卡儿的观点，他认为经验的首要方面是对思考的觉知，因此我思故我在。（笛卡儿的观点在我看来甚至是错误的：在笛卡儿的重构中，我思故我在不是第一步，而是第二步；第一步是我怀疑故我在。）

把自己看作主体并不是最基本的经验，而是个以其他众多思想为基础的复杂的文化推论。我最基本的经验——如果我们认为这确有意义的话——是看到我周围的世界，而不是我自己。我相信每个人都有"自己"的概念，这只不过是因为在某个特殊时刻，我们学会了向自己投射生而为人的概念，作为数千年进程中进化引导我们发展出的附加属性，以便与团体中的其他成员建立联系：我们从同类那里得到反馈，形成自我的观念，我们正是这些观念的映象。

3

但是在身份的基础中，还有第三个要素，也许是最重要的一个：记忆。这就是这些细致的讨论会出现在一本关于时间的书中的原因。我们并不是连续时刻中的独立过程的集合。我们存在的每个时刻都通过记忆，由奇怪的三条线索与我们最近的和最久远的过去相连。我们的现在充斥着过去的痕迹。我们是自己的历史。我是我自己讲述的故事。我并不是此刻靠在沙发上在电脑上打下字母"a"的这副躯体，我是自己的念头，充满着我写下的语句的痕迹；我是母亲的爱抚，是父亲悉心教导出的宁静祥和；我是青春期的旅行；我是自己的阅读在脑海中的积淀；我是我自己的热爱，我的绝望时刻，我的友谊，我书写的，我倾听到的；铭记在我记忆中的脸庞。最重要的一点，我是那个一分钟以前为自己泡了杯茶的人，那个刚才在电脑里打下"记忆"这个词的人，那个刚刚写下正在完成的这句话的人。如果这一切全都消失，我还存在吗？我就是这部正在进行的长篇小说。我的生活由此构成。

记忆把分散在时间中的过程联结在一起，而这些过程组成了我们。在这个意义上，我们存在于时间中。由于这个原因，今天的我与昨天的我是同一个人。理解我们自己也就是反思时间，而为了理解时间，我们也要反思自己。

最近有本研究大脑运作的书叫《你的大脑是部时间机器》（*Your Brain is a Time Machine*）[6]，讨论了大脑与时间流逝相互作用，在过去、现在、未来之间建立联系的方式。在很大程度上，大脑是一部收集过往记忆的机器，以便使用它们不断预测未来。这出现在很大范围的时间尺度上，从非常短到相当长的时间。如果有人把东西扔给我们，让我们接住，我们的手会很巧妙地移动到物体片刻之后出现的位置：大脑运用过去的印象，已经非常迅速地计算出了飞向我们的物体未来的位置。从更大的时间尺度来说，我们种下种子，玉米会长出来；我们投入科学研究，明天也许会收获知识与新技术。预测未来的可能性显著提升了我们生存的概率，因此，进化选择了允许它发生的神经结构，我们就是这一选择的结果。过去与未来事件之间的存在对我们的精神结构十分重要。于我们而言，这就是时间的"流动"。

在神经系统的线路中，有些基本结构可以立刻记录下运动：一个物体出现在一个位置，随即又出现在另一位置，这并不会产生两个截然不同的信号，分别传向大脑，而只会产生一个信号，与我们正看着某样东西在移动这个情况相关联。换句话说，我们所感知的并不是当下，因为对在有限时间尺度上运作的系统而言，这并没有什么意义。我们感知的是在时间中发生与延续的事物。在我们的大脑中，时间中的延续被压缩为对一段时间的感知。

这一直觉其实很古老，奥古斯丁对此的沉思一直很有名。

在《忏悔录》第十一卷中，奥古斯丁向自己发问，询问时间的本质，虽然有时会被一种令我备感无聊的福音传道士风格的感叹打断，但奥古斯丁清楚地分析了我们感知时间的能力。他说，我们一直在当下，因为过去已经过去，不复存在，而未来还未到来，因而也不存在。然后他问自己，我们如何能感知到一段时间，或甚至对它进行评估——如果我们只能处在当下的瞬间。如果我们一直在当下，又怎么能如此清楚地知晓过去、知道时间？此时此地，没有过去，没有未来。它们在哪儿？奥古斯丁得出结论，它们存在于我们的内心：

它在我头脑里，所以我才能测量时间。我千万

不能让我的头脑坚信时间是什么客观的东西。当我测量时间的时候，我是在测量当下存在于头脑中的东西。要么这就是时间，要么我就对它一无所知。

初次读到这个想法似乎不觉得它令人信服，其实不然。我们可以说用时钟测量一段时间，但要这么做，需要在两个不同时刻读数。这是不可能的，因为我们一直在一个时刻，从未处于两个。在当下，我们只能看到现在；我们可以看到被理解为过去的痕迹的事物，但在看到过去的痕迹与感知时间的流动之间，有着明确的区别——奥古斯丁意识到，这种区别的根源在于，对时间流逝的感知是内在的，它是头脑不可或缺的一部分，是过去在大脑中留下的痕迹。

奥古斯丁对此问题的阐述相当精妙。它基于我们对音乐的体验。听一首赞美诗时，声音的含义由它前后的声音决定。音乐只能出现在时间里，但如果我们一直处在当下这一刻，又怎么能听到呢？奥古斯丁评论说，这是可能的，因为我们的意识基于记忆与预期。一首赞美诗，一首歌曲，在某种程度上以统一的形式存在于我们的头脑里，由某样东西把它们结合在一起——由那个我们当作时间的东西。因此这就是时间：只处于当下，以记忆与预期存在于我们的头脑中。

时间也许只存在于头脑中这一观念当然没有在基督教思想中占据主导。事实上，这是巴黎主教埃蒂安·唐皮耶

（Étienne Tempier）在1277年明确谴责为异端的观点之一。在他所谴责的信仰清单中，可以找到下面这句：

Quod evum et tempus nichil sunt in re, sed solum in apprehensione.[7]

意思是：年龄与时间实际上并不存在，而只是存在于头脑中，这种主张是异端邪说。也许我的书正在滑向异端……但是，既然奥古斯丁一直被看作圣人，我认为不必对此太过担忧。毕竟，基督教是相当灵活的……

要反驳奥古斯丁看似很容易，只需要争辩说，他发现的过去的痕迹可能存在只不过是因为它们反映了外在世界的真实结构。例如，在14世纪，奥卡姆（William of Ockham）在他的《自然哲学》（*Philosophia Naturalis*）中坚持认为，人能够同时观察到天空的运动和自己内心的运动，因此可以通过与世界共存而感知时间。几个世纪之后，胡塞尔（Husserl）正确而坚定地主张对物理时间与"内在时间意识"做出区分：对一位希望避免淹没在唯心主义无用旋涡之中的坚定的自然主义者来说，前者（物理世界）先出现，后者（意识）由前者决定，无论我们如何理解这个问题，结果均是如此。这个反驳完全合理，像物理学那样，长久以来消除了我们的疑虑，确保外在的时间之流是普遍真实的，并且

136

与我们的直觉一致。但是，如果物理学反而告诉我们，那样的时间并不是现实的基本组成部分，我们还可以继续忽视奥古斯丁的观点，认为它与时间的真实本质无关吗？

人们探究内心对时间的感知胜于探究外在的时间本质，这一情形在西方哲学史上多次上演。康德在他的《纯粹理性批判》中讨论了时空的本质，把时间和空间都解释为知识的先验形式，也就是说，事物不仅与客观世界有关，也与主体的认识方式有关。但他也注意到，尽管空间由我们的外在感知塑造——通过把我们所见的外在事物进行组织，但时间由我们的内在感知塑造——通过组织我们的内在状态。我们要再一次到与我们的思维和感知方式密切相关的事物中、到我们的意识中，去寻找这个世界的时间结构的基础。即使不深究康德的先验论，这点也是正确的。

胡塞尔在用术语"滞留"（retention）描述经验的形成时，重复了奥古斯丁的观点，和他一样使用了歌曲的比喻[8]（与此同时，世界变得庸俗了，歌曲取代了赞美诗）：在我们听到一个音符的瞬间，前一个音符就"保存"了，于是那个音符也成了滞留的一部分，以此类推。它们一同运作，使当下包含过去的连续痕迹，逐渐变得越发模糊。[9]按照胡塞尔的说法，通过这一滞留过程，这种现象"构成了时间"。下页这幅图出自胡塞尔，从 A 到 E 的水平轴代表流逝的时间，从 E 到 A' 的竖直轴代表时刻 A 的"滞留"，从 A 到 A' 连

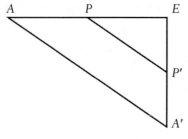

续下降。现象可以构成时间，是因为在任意时刻，E、P'、A'都存在。此处很有趣的一点是，胡塞尔并没有在客观假设的一系列现象（水平线）中发现时间现象学的源头，而是在记忆中（与预期相似，胡塞尔称之为"前摄"［protention］），也就是图中的竖直线中发现的。我认为这（在自然哲学中）也是符合逻辑的，即便在物理世界中并不存在按线性统一排列的物理时间，而只有变化的熵产生的痕迹。

紧随胡塞尔，马丁·海德格尔（Martin Heidegger）写道——让我用我喜爱的清晰易懂的伽利略文字风格，来转述一下海德格尔特意为之的晦涩语言——"时间只在人类的范畴里成其为时间（time temporalizes itself only to the extent that it is human）"。[10]对他而言，时间也是人类的时间，行为的时间，与人类密切相关的时间。即便后来，对于存在对人（"提出存在难题的实体"）而言是什么这个问题，[11]海德格尔很感兴趣，但他最终还是把内在时间意识划进了存在本身的范围。

时间在多大程度上是主观所固有的直觉，对任何坚定的自然主义者来说仍然很重要，他们将其视为自然的一部分，不害怕谈论"现实"，并研究它，与此同时承认我们的理解与直觉从根本上是经我们的大脑这个有限的工具的运作方式过滤过的。这个大脑是现实的一部分，而现实取决于外在世界与头脑运作结构之间的相互作用。

但是思维是头脑的运作。对于这种运作，我们已经开始理解（甚微）的是，整个大脑的运作都基于留在连接神经元突触中的过去痕迹的集合。数以千计的突触不断形成，又被清除——尤其在睡觉时，只留下过去作用于神经系统的模糊映象。毫无疑问，这个形象是模糊的（想想我们的眼睛在每一时刻看到的成千上万个最终并没有留存在我们记忆里的细节），却包含了许多世界。

无限的世界。

这些就是年轻的普鲁斯特（Marcel Proust）每天早上重新发现并为之着迷的世界，它们出现在《追忆似水年华》的开篇里，在意识像气泡一样从不可测的深渊里浮现的眩晕瞬间中。玛德琳蛋糕的味道让他回想起贡布雷（Combray）*，于是那个世界的广阔版图呈现在他面前。那是个辽阔的世界，普鲁斯特在他这部伟大小说的三千页篇幅中徐徐展开这幅地图。值得一提的是，这部小说没有叙述世界上的事件，而是记录了一个人的记忆。从一开头玛德琳

---

* 小说《追忆似水年华》中的故事发生地，为虚构地名。

蛋糕的香味，到最后一部分《重现的时光》的最后一个词"时间"，这本书就是普鲁斯特大脑的突触里一次无序而详尽的漫步。

普鲁斯特发现了一个无限的空间，以及许多不可思议的细节、香味、深思、感觉、映象、再造、颜色、物体、名字、表情、情绪……这一切都在普鲁斯特两耳之间的大脑的褶皱里。这就是与我们的经验相似的时间之流：它就在那里，在我们内心，在我们神经元中过去留下的至关重要的痕迹里。

关于这件事，普鲁斯特说得再直白不过了，他在第一卷中写道："现实只由记忆构成。"而记忆又是痕迹的集合，是世界之无序的间接产物，是之前写过的那个小小方程$\Delta S \geq 0$的产物，这个方程告诉我们，世界在过去处于特殊状态，因此已经留下（以及会一直留下）痕迹。"特殊"，也许只针对少数子系统而言——包含我们的系统。

我们是故事，被置于眼睛后方二十厘米的复杂之地，我们是事物混合在一起留下的痕迹画出的线，朝向预测未来的事件，朝向熵增的方向，在这巨大而混乱的宇宙中一个相当特殊的角落。

这个空间——记忆——与我们从不间断的预期过程结合在一起，构成了我们把时间感知为时间、把自己感知为自己的来源。[12]想一想：在没有空间或物质的情况下，我们的内心很容易想象自身，但如果不存在于时间里，它还能想象自身吗？[13]

至于我们所属的物理系统，由于它与世界其他部分相互作用的奇怪方式，也多亏了它允许痕迹存在，以及因为身为物理实体的我们由记忆和预期组成，时间的视角才得以为我们开启，就像一片狭小却明亮的林中空地。[14]时间开启了我们通向世界的有限通道。[15]对我们这些大脑基本上由记忆和预见构成的生物而言，时间就是我们与世界相互作用的形式——它是我们身份的来源。[16]

当然也是我们痛苦的来源。

佛陀把这点总结为几句箴言，成千上万人都把这作为他们生活的基础：生是苦，老是苦，病是苦，死是苦，怨憎会是苦，爱别离是苦，求不得是苦。[17]这些都是苦，因为我们必须失去我们所拥有的以及所爱的。因为一切生起的必然灭去。使我们受苦的不在过去或未来，它就在那儿，现在，在我们的记忆里，在我们的期待里。我们渴望永恒，我们忍受着时间的流逝，我们因时间而受苦。时间即苦。

时间就是这样，我们为它着迷，也同样为它困扰。也许同样因为它，你——我亲爱的读者，我的兄弟姐妹，才能手执这本书。因为它只不过是世界转瞬即逝的结构，世界里发生的一次短暂涨落，而这足以让我们这些由时间构成的生物诞生。我们的存在应该归功于它，它给予了我们存在这个珍贵的礼物，让我们可以创造转瞬即逝的幻觉——永恒——我们所有痛苦的根源。

施特劳斯（Strauss）的音乐和霍夫曼斯塔尔（Hofmannsthal）的诗句用令人难忘的优美唱出了这一点：*

> 我记得一个小女孩……
>
> 但那如何可能……
>
> 曾经我是那个小蕾西，
>
> 而后某天我变成了老妇人？
>
> 如果上帝想要如此，为何让我看到？
>
> 为何他不把这掩藏？
>
> 一切成谜，深深的谜……
>
> 我感到事物在时间中的脆弱。
>
> 从我内心深处，我感到我们
>
> 不应执着什么。
>
> 一切都从我指尖流逝。
>
> 我们想要抓紧的一切都消失了。
>
> 一切消失，如雾如梦……
>
> 时间是个奇怪的东西。
>
> 我们不需要的时候，它什么也不是。

---

* 二人合作的歌剧《玫瑰骑士》第一幕。

然后，突然，除此之外什么也没有了。

它是我们周遭的全部，也在我们内心深处。

它渗入我们的脸庞，

渗入镜子，穿过我的鬓角……

在你我之间，它静默流逝，宛如沙漏。

哦，奎因，奎因。

有时我感到它无情地流逝。

有时我在午夜起身

关掉所有的时钟……

13 时间的来源

也许上帝为我们准备了

很多季节

也许最后一个

就是今年冬天

引导第勒尼安的海浪

冲击浮岩的绝壁

你必须睿智，倒掉杯中酒

在这短暂的生命中

装入珍视良久的希望

我们启程的时候，时间的形象还是我们熟悉的样子：在整个宇宙中均匀统一地流逝，一切都在这个过程中发生。在我们的观念中，整个宇宙都存在一个当下，一个"现在"，它构成了现实。对每个人来说，过去是固定的，已经过去，已经发生了。未来是开放的，还未确定。现实从过去流到现在，流向未来——在过去与未来之间，事物的演化本质上是不对称的。我们认为，世界的基本结构就是这样。

这幅熟悉的图景已经土崩瓦解，证明它只是一个更为复杂的现实的近似物。

整个宇宙中一个共同的当下并不存在（第3章）。事件并不按照过去、现在、未来的顺序排列；它们只是"部分"有序。在我们附近有个当下，但在遥远的星系中并没有什么"当下"。当下只是局部现象，并非整体现象。

掌管事件的基本方程中，过去与未来之间的分别并不存在（第2章）。这点源自这样一个事实：在过去，由于我们模糊地看待事物，世界所属的状态在我们看来很特殊。

在局部，根据我们的位置以及运动的速度，时间以不同速度流逝。我们离物体越近（第1章），或者运动得越快（第3章），时间延缓就越多。两个事件之间没有唯一的时间间隔，而是存在许多可能的时间间隔。

时间流动的节奏由引力场决定，这种真实实体有自己的动力学，由爱因斯坦的方程描述。如果忽略量子效应，时间与空间就是我们置身其中的巨大胶状物的某些方面（第4章）。

但世界是量子的，胶状时空也只是个近似物。在世界的基本结构中，既没有空间，也没有时间——只存在把一个物

时间的秩序

理量转化为另一个物理量的过程，由此，我们可以计算概率与关系（第5章）。

在目前已知的最基本层面，几乎没有什么与我们所经验的时间相似。不存在一个特殊的"时间"变量，过去与未来之间没有差别，不存在时空（第二部分）。我们仍然知道怎样写出描述世界的方程。在那些方程中，变量相对于彼此演化（第8章）。这个世界不是"静止的"，也不是一个一切变化都是假象的"块状宇宙"（第7章）。恰恰相反，我们的宇宙是事件的世界，而非物体的世界（第6章）。

这是此段旅程的去程，驶向一个没有时间的宇宙。

回程是一种尝试，试图搞清楚我们的时间感知是如何从这个没有时间的世界中出现的（第9章）。令人惊讶的地方在于，在时间令人熟悉的方面出现上，我们也扮演了重要角色。从我们的视角——构成这个世界一小部分的生物的视角，我们看到世界在时间中流动。我们与世界之间的相互作用是不完全的，因此我们用模糊的方式看待世界。量子不确定性也加重了这种模糊。来源于此的无知决定了一个特殊变量的存在——热力学时间（第9章），也确定了量化我们不确定性的熵的存在。

也许我们属于世界的一个特殊子集，与世界其他部分相互作用的方式导致了热力学时间在一个方向上熵比较低。因

146

此时间的方向性是真实的，但与视角有关（第10章）：世界相对于我们的熵随热力学时间而增加。我们发现事物在这个变量里按顺序出现，我们称之为"时间"，熵的增加为我们把过去与未来区分开，导致了宇宙的演变。它决定了痕迹的存在，过去的残余与记忆的存在（第11章）。我们人类就是宏大熵增历史的结果，由这些痕迹产生的记忆聚集到一起。我们每个人都是统一的存在，因为我们反映着世界，因为通过与同类接触，我们形成了统一实体的形象，也因为它是一种由记忆统一的关于世界的视角（第12章）。我们所谓的时间"流动"就源于此，当我们听到时间流逝时，听到的就是这个。

"时间"变量是描述世界的变量之一，是引力场变量中的一个（第4章）。在我们的尺度上，无法记录量子涨落（第5章），因此我们可以认为时空是确定的，就像爱因斯坦所说的大型软体动物；在我们的尺度上，软体动物的运动很微小，可以忽略，因此我们可以把时空看成像桌子一样的刚性存在。这个桌子具有维度，有我们称为空间的维度，也有我们称为时间的熵会增加的维度。在日常生活中，我们相对于光速以低速运动，因此感觉不到不同时钟的不同固有时之间的差别，离物体远近造成的时间流逝快慢的区别对我们而言太小了，也无法区分。

因此，在许多我们可以谈论的时间里，最终只能谈论一个——我们经验的时间：均匀、统一、有序。这是作为人类从我们的特殊视角对世界做出的近似、近似再近似的描述，我们人类依赖于熵的增加，被固定于时间之流。我们就如《圣经·传道书》所言，生有时，死有时。

这就是我们的时间：具有多种独特属性的多层次复杂概念。而这些属性源于各种不同的近似。

许多关于时间概念的讨论都很令人困惑，因为他们没有意识到时间复杂与多层次的一面。他们的错误之处在于，没有看到这些不同的层面是独立的。

这就是经过毕生思考之后，我所理解的时间的物理结构。

这个故事的许多部分是可信的，另一些看起来很合理，还有一些是试图理解整体而做出的大胆猜测。

实际上，书中第一部分叙述的全部内容已被无数实验证实。时间根据高度与速度延缓；当下不存在；时间与引力场之间的关系；不同时间之间的关系是动态的；基本方程无法识别时间的方向；熵与模糊的关系。所有这些都已经被很好地证实。[1]

引力场具有量子特性，这一点已经成为共识，虽然目前只有理论上的论证，而没有实验上的证据。

第二部分讨论的基本方程中不存在时间变量，这点看上去可信，但关于这些方程的形式，仍然存在很激烈的争论。

时间的起源与量子非对易直接相关，我们观测到的熵增取决于我们与宇宙的相互作用，这些都是我认为很迷人的观点，但还远未得到证实或被广泛接受。

无论如何，真正令人难以置信的普遍事实是，世界的时间结构不同于我们看到的那幅幼稚图景。这幅幼稚图景适用于我们的日常生活，却不适用于理解世界的精微皱褶或其辽阔。它很有可能甚至不足以帮助我们理解自身的本质，因为时间之谜与我们个人身份之谜、意识之谜交织在一起。

时间之谜一直困扰着我们，激发强烈的情绪，滋养了许多哲学与宗教。

我相信，正如汉斯·赖欣巴哈（Hans Reichenbach）在一本非常清晰易懂的关于时间本质的书——《时间的方向》（*The Direction of Time*）里所提出的那样，巴门尼德想要否认时间的存在，柏拉图假想出一个存在于时间之外的理念世界，在黑格尔谈论的时间里，精神超越时间并且充分了解自身，这些全都是为了逃避这个令人焦虑的时间。为了逃避这种焦虑，我们想象出了"永恒"的存在，一个在时间之外的奇怪世界，我们想要和神、和上帝、和不朽的灵魂住在那里。*在建设哲学大教堂方面，我们对时间强烈的情感态度所做出的贡献比逻辑与理性更多。相反的情感态度——敬畏时间，也诞生了很多哲学，比如赫拉克利特（Heraclitus）或柏格森（Bergson），但并没有让我们离理解时间为何物更近一点。

物理学帮助我们穿透层层迷雾，证明了世界的时间结构与我们感知到的有多么不一样。它给予我们希望，让我们能够免于情绪引起的迷雾，去研究时间的本质。

但在寻找时间的途中，我们朝着远离自己的方向进发，最终却发现与我们自己有关的事物。也许就像哥白尼那样，研究天空的运动，最终却搞清了脚下地球的运动。也许最终，时间的情感维度并不是阻碍我们客观地理解时间本质的迷雾。

也许时间的情感正是时间对我们而言的样子。

我认为不需要比这理解得更多了。我们可以问更多问

---

* 关于赖欣巴哈的这条评论，有个很有趣的内容。有一篇用分析哲学讨论时间的重要文章听起来与海德格尔的观点很相近。后续的分歧很明显：赖欣巴哈是在物理学中寻找我们所知的时间，我们是这个世界的一部分；而海德格尔是按照人类的存在经验把自身考虑在内来讨论时间。二者导致的时间图景截然不同，但它们一定不相容吗？它们为什么应该互相矛盾呢？他们探讨了两个不同的问题：一方面，随着我们视野的拓展，目前有效的时间结构已经显得越发陈旧；另一方面，时间结构的基础方面是相对于我们、相对于我们"存在于世界中"的具体感知而言的。——作者注

题，但我们要小心那些无法被准确表述的问题。当我们发现了时间能被谈论的所有方面，我们就发现了时间。我们也许表达不出对时间的直接感知，还在对它笨拙地示意（好吧，但它为何会"流逝"呢？），但我相信，我们现在只是在把事情搞混，执意要把近似的语言转化为事物。当我们无法精准地表述问题时，通常不是由于这个问题十分深奥，而是因为这是一个假问题。

　　未来我们对事物的理解会更完善吗？我认为会的。在这么多个世纪的历程中，我们对自然的理解已经取得了令人目眩的进步，而我们仍在继续学习。我们正开始瞥见时间的奥秘。我们可以看到没有时间的世界：可以用心灵之眼感知到世界的深刻结构，如我们所知，时间不再存在——就像山上的傻瓜看到日落时发现地球在转动，而我们开始发现我们就是时间。我们就是这个空间，这个在神经元连接里由记忆的痕迹开启的空地。我们是记忆，我们怀旧，我们期许着不会到来的未来。由记忆与预期开启的空地就是时间：有时是痛苦的来源，但终究是一份巨大的礼物。

　　无穷的混合游戏带来的宝贵奇迹已经为我们开启，让我们得以存在。现在我们可以微笑了。我们可以回去，把自己宁静地浸入时间——浸入我们有限的时光——去品味时光每一次飞逝的强烈震颤和我们短暂存在中的宝贵时刻。

安眠的姊妹

哦，塞斯提乌斯

这短暂的白日

阻碍了我们开启长久的希望

在印度的宏大史诗《摩诃婆罗多》的第三部分，一位叫夜叉（Yaksa）的强大神灵问般度（Pandava）族中最年长、最智慧的坚战（Yudhistira）："所有秘密中最伟大的是什么？"答案被传颂千年："每一天都有无数人死去，然而那些还活着的人就好像会不朽一样在生活。"

我不希望好像会不朽一样去生活。我不畏惧死亡，我害怕受苦，也害怕晚年，虽然现在没那么怕，因为我看到自己的父亲晚年平静愉悦。我害怕脆弱，也害怕没有爱。但死亡并没有让我惊恐，年轻时它并没有让我感到恐惧，因为那时我想死亡是非常遥远的事。但现在，六十岁时，恐惧还是来了。我热爱生命，但生命也是一种挣扎、苦难、痛楚。我把死亡看作应得的休息。巴赫在他绝妙的第56号康塔塔中把死亡称为"安眠的姊妹"。友善的姊妹，她很快就会来合上我的双眼，轻抚我的头顶。

约伯（Job）死时尚且"时日犹多"，这个表述很精妙。我也希望有那种"时日犹多"的感觉，然后微笑着结束生命的短暂周期。当然，我仍然会享受其中的欢愉，依旧会欣赏海面反射的月光，享受我心爱女人的亲吻，她的存在让一切都有意义；我仍然会品味冬日周末午后躺在沙发上，在纸上写满符号和公式，幻想着在萦绕我们的无数小秘密中再捕捉一个……我仍然期待着从这个金色的酒杯中品味丰富的生活，既温柔又充满敌意，既清晰又神秘莫测，难以预料……但是我已经深深品味过这杯酒的苦乐参半，如果现在有个天使来找我，说"时间到了，卡洛"，我甚至不会请求说等我写完这句话再走。我只会向他微笑，随他离去。

对我而言，我们对死亡的恐惧是进化的失误。在捕食者靠近时，很多动物会本能地恐惧与逃跑。这个反应很健康，可以让它们逃离险境。但这种恐惧只会维持一瞬间，不会一直伴随着它们。自然选择让这些大型类人猿产生了肥厚的大脑额叶，赋予了它们夸大的能力去预测未来。这当然是个有用的特权，但也把不可避免的死亡景象置于我们面前，引发了本能的恐惧与逃避。基本上，我相信对死亡的恐惧是在两种不同的进化压力之下意外产生的不当干扰，是我们大脑自动连接的糟糕产物，而不是什么有用或有意义的东西。万物皆有期限，即便是人类自身。正如《摩诃婆罗多》中毗耶娑（Vyasa）所言："地球已经不再年轻。那已经成为过去，像个美梦。现在每一天都让我们离毁灭与荒漠更近……"惧怕转变，害怕死亡，就像害怕实在本身，就像害怕太阳。到底为什么呢？

这是理性的说法，但我们的生活不是由理性论证驱动的。理性帮助我们澄清观点，发现错误。但同样的理性也向我们证明，我们行为的动机就深深刻在我们作为哺乳动物、狩猎者、社会动物的精密结构里，理性阐明了这些关联，但并不产生它们。我们最初并不是理性生物，也许我们后来会或多或少变成这样。在最初的时刻，我们被对生命的渴望、被饥饿、被爱的需求、被找到自己在人类社会中的位置的本能所驱使……如果没有最初的时刻，下一时刻甚至无法存在。理性在本能之间仲裁，但在仲裁中又将这些本能作为首要标准。它给事物以及这种渴望命名，让我们能够克服阻碍，发现隐藏的事物，让我们能够辨认出我们持有的无数无效策略、错误信念和偏见。它帮我们了解我们所追踪的痕迹——本以为可以带我们找到正在追逐的羚羊——实际上却是错误的踪迹。但驱使我们的并不是对生命的反思，而是生命本身。

那么真正驱使我们的是什么呢？很难说，也许我们无法完全知晓。我们会辨认出自己的动机，给这些动机命名，我们有许多动机。我们相信有些动机其他动物也有，有些动机只有人类才有，而有些动机只存在于我们认为自己所属的小团体中。饥与渴，好奇心，对陪伴的需求，对爱的渴望，恋爱，对幸福的追求，为在世界上有一席之地去努力的需要，被欣赏、被认可、被喜爱的渴望；忠诚，荣誉，上帝之爱，对公正与自由的追求，求知欲……

这一切来自何处？来自造就我们的方式，来自我们恰巧成为的样子。我们是漫长的化学、生物、文化结构的选择过程的产物——它们在不同层面已经相互作用了很久，以形塑我们之为我们的有趣过程。通过反思自己，通过在镜中观察自己，我们能了解的微乎其微。我们比我们智力所及的要复杂得多。我们的额叶相当强大，已经把我们送上月球，让我们发现黑洞，认出我们是瓢虫的表亲，但还不足以向我们自己清楚地解释自己。

我们甚至不清楚"理解"是什么意思。我们看到世界，进行描述，赋予它秩序。我们几乎不知道我们所见的世界与世界本身之间的关系。我们知道自己其实是近视，只能勉强看到物体辐射的巨大电磁波谱中一个微小的窗口。我们看不到物质的原子结构，看不到空间的弯曲。我们看到的自洽世界只不过是从我们与宇宙的接触中推断出来的，而且要用我们愚蠢至极的大脑能够应付的过度简化的语言进行组织。我们按照石头、山川、云朵和人来理解世界，而这是"我们的世界"。关于那个独立于我们的世界，我们知道很多，却不知道这个"很多"是多少。

我们的思维受制于自身的弱点，更受制于自身的语法。只用了几个世纪，世界就从恶魔、天使和女巫变成了原子和电磁波。只需要几克蘑菇，整个现实就会在我们眼前消融，随后重组为出人意料的新形式。只需与一个患有严重精神分裂症的朋友相处一段时间，与她艰难交流几周，就会发现精神错乱是一种能呈现世界的巨大的夸张机制，很难找到证据把它与构成我们的社会生活、精神生活与我们对世界的理解之基础的伟大集体精神错乱区分开。也许也很难与孤独区分开，与离弃事物普遍秩序的人们的脆弱区分开。[1]我们发展出的现实的形象与集体精神错乱已经进化和运作得相当好，把我们带到了此处。我们所发现的处理它的工具已经有很多，而理性已经证明了自己就是最好的工具之一。它非常宝贵。

但它只是个工具，一把钳子。我们用它来处理由冰与火构成的物质——我们经历的如鲜活炙热的情感一样的东西。这些是造就我们的物质。它们驱使我们，又拽回我们，我们用精致的言辞包覆它们。它们迫使我们行动，并且总有些东西逃离我们话语的秩序，我们都知道，最终，每一次强加秩序的尝试都会让一些东西留在框架之外。

于我而言，这个短暂的生命不过是这样的：驱使着我们的不停呼喊的情绪。我们有时尝试以神或政治信仰的名义，或以一种仪式进行疏导，让自己安心：从根本上，一切都是有序的，都在伟大与无限的爱之中，并且这种呼喊很美妙，它有时是痛苦的呼喊，有时是一首歌。

而这首歌，如奥古斯丁所言，是对时间的意识。它就是时间。吠陀圣歌*本身就是时间之花。[2]在贝多芬的庄严弥撒乐曲中，小提琴的声音是纯粹的美，纯粹的绝望，纯粹的喜悦。我们停下来，屏住呼吸，神秘地感觉到这一定是意义的源头，这就是时间的来源。

然后乐声逐渐消失。"银链折断，金罐破裂，瓶子在泉旁损坏，水轮在井口破烂；尘土仍归于地。"**这样很好。我们可以闭上双目，开始休息了。对我来说，这一切合理又美妙。这就是时间。

---

* 即《吠陀经》，印度最古老的宗教和文艺文献。

** 出自《圣经·传道书》。

图片声明

Pages. 4, 12, 25, 55, 62: © Peyo–2017 Licensed through I.M.P.S (Brussels) – www.smurf.com

Page 18: Ludwig Boltzmann, lithograph by Rodolf Fenzi (1899) © Hulton Archive/Getty Images

Page 42 (右图): Johannes Lichtenberger, sculpture by Conrad Sifer (1493), sundial of the Cathedral of Strasbourg © Gilardi Photo Library

Page 46 (左图): bust of Aristotle © De Agostini/ Getty Images

Page 46 (右图): Isaac Newton, sculpture by Edward Hodges Baily (1828), after Louis-Francois de Roubiliac (1751), National Portrait Gallery, London © National Portrait Gallery, London/Foto Scala, Florence

Page 92(上图): Thomas Thiemann, *Dynamic of Quantum Spin Foam,seen through the eyes of an artist* © Thomas Thiemann (FAU Erlangen), Max Planck Institute

for Gravitational Physics(Albert Einstein Institute), Milde
Marketing Science Communication, exozet effects

Page 115: Hildegard von Bingen, *Liber Divinorum
Operum,* Codex Latinus 1942 (XIII century), c. 9r,
Biblioteca Statale, Lucca © Foto Scala, Florence—by
courtesy of the Ministry of Cultural Heritage and Activities

注释

也许时间是最大的奥秘

1. 时间概念层次性的深度讨论，见 J. T. Fraser, *Of Time, Passion, and Knowledge*, Braziller, New York, 1975。

2. 哲学家莫罗·多拉托（Mauro Dorato）主张，有必要让物理学的基本概念框架与我们的经验相一致（*Che cos'è il tempo?*, Carocci, Rome, 2013）。

第一部分　时间的崩塌

1　统一性的消失

1. 在弱场的近似下，度规可以写作 $ds^2=(1+2\phi(x))\ dt^2-dx^2$,

其中$\phi(x)$是牛顿势。牛顿引力只遵循度规g_{00}时间部分的修正，即局部时间延缓。这些度规的测地线描绘了物体下落：它们向势能最低、也就是时间延缓的地方弯曲。（此处以及类似注释写给那些熟悉理论物理的人。）

2. 详见卡洛·罗韦利，《极简科学起源课》，湖南科学技术出版社，2018。

3. 例如$(t_{table} - t_{ground}) = gh / c^2 t_{ground}$，其中c是光速，$g=9.8m/s^2$，即伽利略的加速度，$h$是桌面（table）的高度。

4. 它们也可以用单独的变量t，即"时间坐标"写出，但此处并不表示时钟测出的时间（由ds决定，而非dt），而且有可能在不改变所描述的世界的情况下随意改变。这个t不代表一个物理量。钟表测量的是沿着宇宙线γ的固有时，由$t_\gamma = \int_\gamma \sqrt{g_{ab}(x)dx^a dx^b}$给出。这个量与$ds$的关系后文还会进一步讨论。

2 方向的消失

1. 法国大革命是科学极其活跃的时期，化学、生物学、分析力学及很多其他学科都在此时建立了基础。社会革命与科学革命一同展开。巴黎第一位革命性的市长是天文学家，拉扎尔·卡诺（Lazare Carnot）是力学家，马拉（Marat）认为他自己首先是物理学家。拉瓦锡（Lavoisier）在政治上很活跃。在人类历史上那个痛苦又壮丽的时代，拉格朗日（Lagrange）受到了一个又一个政府的尊敬。详见S. Jones, *Revolutionary Science: Transformation and Turmoil in the Age of the Guillotine,* Pegasus, New York, 2017。

2. 改变恰当的量，例如麦克斯韦方程组中磁场的符号，基本粒子的电荷和宇称，等等。电荷（Charge）、宇称（Parity）、时间反演对称（Time Reversal Symmetry）下的不变性是相关的。

3. 牛顿方程会决定物体怎样加速，而如果倒放影片，加速度不会改变。竖直上抛的石块与下落的石块具有相同的加速度。假设倒放很多年，月球以相反的方向绕地球运动，看起来受到地球的引力是一样的。

4. 即使加入量子引力，结论也不会变。关于在发现时间方向的起源上所做的努力，可参考H. D. Zeh, *Die Physik der Zeitrichtung*, Springer, Berlin, 1984。

5. 尤其是当用物体释放的热量除以温度时。当热量从高温物体传到低温物体，熵的总量由于温度的不同会增加，基于放出热量的熵比基于吸收热量的熵要少。当所有物体都达到相同温度，熵就达到了最大值：达到了平衡态。

6. 熵的定义需要"粗粒化",也就是微观与宏观之间的区分。宏观状态的熵由对应的微观状态的数量决定。在经典热力学中,当我们从外部把系统的某些物理量(例如气体的体积或压力)看作"可操作的"或"可测量的"时,粗粒化就得到了界定。确定下这些宏观量,宏观状态也就确定了。

7. 也就是说,如果忽略量子力学,就以确定的方式;如果考虑量子力学,就以概率的方式。在两种情况下,对未来和对过去都采用同样的方式。

8. $S=k\ln W$。此处 S 是熵,W 是微观状态的数量,或是对应的相空间的体积,k 只是个常数,现在被称为玻尔兹曼常数,适合(任意)维度。

3　当下的终结

1. 出自海福勒–基廷实验。Joseph. C. Hafele and Richard. E. Keating, 'Around-the-World Atomic Clocks: Observed Relativistic Time Gains', *Science*, 177, 1972: 166—168。

2. 那取决于 t 以及你的速度和位置。

3. 庞加莱(Poincaré)、洛伦兹(Lorentz)尝试对 t 做出物理解释,但采用了一种相当复杂的方式。

4. 爱因斯坦经常说，迈克尔逊–莫雷实验对他发现狭义相对论并没有什么帮助。我相信这是真的，这也阐明了科学哲学中的一个重要因素。我们为了增进对世界的理解，并不总是需要新数据。哥白尼并没有比托勒密多什么观测数据，他却能够从托勒密也有的数据中推导出日心说，通过更好的阐释方式——就像爱因斯坦之于麦克斯韦。

5. 如果我通过望远镜看到我妹妹正在庆祝她的二十岁生日，然后给她发了一条无线电信息，在她二十八岁生日时到达，我就能够说现在是她的二十四岁生日：光从那里离开（20）到返回（28）的中点。这是个好主意（不是我的，这是爱因斯坦对"同时性"的定义），但并不能定义出一个共同时间。如果比邻星b正在远离，我妹妹使用同样的逻辑计算与她二十四岁生日同时的一个时刻，她便不会得到当下的时刻。换句话说，在这种定义同时性的方式下，如果对我来说她生命中的A时刻与我这儿的B时刻是同时的，反过来就不行了：对她来说，A和B不是同时的。我们不同的速度定义了不同层面的同时性。通过这种方式，我们甚至无法得到共同的"当下"的概念。

6. 离此地有太空那么远的距离的事件的组合。

7. 第一批意识到这点的人中有库尔特·哥德尔（Kurt Gödel）（'An Example of a New Type of Cosmological

Solutions of Einstein's Field Equations of Gravitation',
Reviews of Modern Physics, 21, 1949: 447—450）。用他
自己的话说："'现在'的概念不过是特定观察者与宇
宙其他部分之间的特定关系。"

8. 如果封闭时间曲线存在，那么即使是偏序关系的存
在相对现实而言也太强了。关于这个主题可参见 M.
Lachièze-Rey, *Voyager dans le temps. La Physique moderne
et la temporalité*, éditions du Seuil, Paris, 2013。

9. 旅行到过去并没有任何逻辑上的不可能，这点已经由 20
世纪最伟大的哲学家之一大卫·刘易斯（David Lewis）
在一篇相关文章中清楚地证明了。（The Paradoxes of
Time Travel, *American Philosophical Quarterly*, 13, 1976:
145—152.）

10. 这是闵可夫斯基坐标下，黑洞度规因果结构的图示。

11. 在那些持反对意见的声音中，我与其中两位伟大的科
学家有着特殊的友谊，对他们有着特别的喜爱与钦佩：
李·斯莫林（Lee Smolin）和乔治·埃利斯（George
Ellis）。他们都坚持认为特殊的时间和真实的当下肯定
存在，即便现在物理学还没有发现。科学就像情感：我
们与最亲密的人常常有着最大的分歧。对于时间的现
实的基础方面的清晰辩护，可见 R. M. Unger and Lee
Smolin, *The Singular Universe and the Reality of Time*,

Cambridge University Press, Cambridge, 2015。另一个为单一时间真实流动这个观点辩护的好友是萨米·马龙（Samy Maroun）；我和他一起探讨了重写相对论的可能性，把引导过程节奏的时间（"代谢"时间）与"真实的"宇宙时间区分开。（S. Maroun and C. Rovelli, 'Universal Time and Spacetime "Metabolism"', 2015.）这是可能的，因此斯莫林、埃利斯、马龙的观点是可辩护的。但这会有结果吗？有两个选择：要么改变对世界的描述，让它适应我们的直觉，要么学习使我们的直觉适应我们所发现的世界。相信第二个策略会更有成效。

4　独立性的消失

1. 有关药物对感知时间的影响，详见 R. A. Sewell 等，'Acute Effects of THC on Time Perception in Frequent and Infrequent Cannabis Users', *Psychopharmacology*, 226, 2013: 401—413。直接体验是惊人的。

2. V. Arstila, 'Time Slows Down during Accidents', *Frontiers in Psychology*, 3, 196, 2012.

3. 这是在我们的文化里。其他一些文化有着迥异的时间概念：D. L. Everett, *Don't Sleep, There are Snakes,* Pantheon, New York, 2008。

4. P. Galison, *Einstein's Clocks, Poincaré's Maps,* Norton, New York, 2003: 126.

5. 关于技术如何逐渐改变我们的时间概念的一段很棒的全景式历史可参考 A. Frank, *About Time,* Free Press, New York, 2001。

6. D. A. Golombek, I. L. Bussi and P. V. Agostino, 'Minutes, Days and Years: Molecular Interactions among Different Scales of Biological Timing', *Philosophical Transactions of the Royal Society. Series B: Biological Sciences,* 369, 2014.

7. 时间是"相对于之前与之后变化的数量"。语出亚里士多德《物理学》。

8. Aristotle, *Physics,* trans. Robin Waterfield with an introduction and notes by David Bostock, Oxford University Press, Oxford, 1999: 105.

9. 空间哲学与时间哲学的介绍，可参考B. C. van Fraassen, *An Introduction to the Philosophy of Time and Space,* Random House, New York, 1970。

10. 牛顿的基本方程是 $F=md^2x/dt^2$。（请注意是时间 t 的平方，这表明方程不会区分 t 和 $-t$。也就是说，在时间中前进或倒退是相同的，像我在第2章解释的那样。）

11. 很奇怪的一点，很多当代科学史手册在介绍莱布尼茨与牛顿之间的讨论时，莱布尼茨像是个异端形象，有着大胆又革新的关系主义想法。事实上正相反，莱布尼茨（用大量新的论点）捍卫了传统上对空间的主流理解，从亚里士多德到笛卡儿，科学家一直是关系主义者。

12. 亚里士多德的定义更加精确：物体的位置就是包围者的内部界限。一个优雅又严格的定义。

5　时间量子

1. 关于这点更深入的讨论，详见卡洛·罗韦利，《现实不似你所见》，湖南科学技术出版社，2018。

2. 在体积比普朗克常数更小的相空间区域内确定自由度是不可能的。

3. 分别是光速、牛顿常数和普朗克常数。

4. Maimonides, *The Guide for the Perplexed*, I, 73, 106a.

5. 我们可以从亚里士多德的讨论（例如《物理学》IV，213）中推断德谟克利特的思想，但在我看来证据不够充分。参考 *Democrito. Raccolta dei frammenti, interpretazione e commentario di Salomon Luria*, Bompiani, Milan, 2007。

6. 除非德布罗意–玻姆的理论是正确的，那种情况下电子可以有准确的位置，但位置对我们隐藏了。也许最终没有太大差别。

7. Carlo Rovelli, 'Relational Quantum Mechanics', *International Journal of Theoretical Physics*, 35, 1637 (1996), http://arxiv.org/abs/quant-ph/9609002. See also 'The Sky is Blue and Birds Fly Through It', http://arxiv.org/abs/1712.02894.

第二部分　没有时间的世界

6　世界由事件而非物体构成

1. Nelson Goodman, *The Structure of Appearance*, Harvard University Press, Cambridge, MA, 1951.

7　语法的力不从心

1. 对于相反的观点，见第3章注释11。

2. 在约翰·麦克塔格特（John McTaggart）一篇著名文章中（'The Unreality of Time', *Mind*, N.S., 17, 1908:

457—474; reprinted in *The Philosophy of Time*, op. cit.），这等于否认了A系列（时间组织为"过去—现在—未来"）这一事实。时间确定的含义就被简化为只有B系列（时间组织为"之前—之后"）。对麦克塔格特来说，这意味着否认时间的真实。在我看来，他太死板了：我的车运转的方式不同于我的设想以及我最初在脑海中定义它的方式，并不意味着我的车是不真实的。

3. 1955年3月21日，爱因斯坦写给米凯莱·贝索儿子和妹妹的信，摘自Albert Einstein and Michele Besso, *Correspondance*, 1903—1955, Hermann, Paris, 1972。

4. 块状宇宙的经典论证来自哲学家希拉里·普特南（Hilary Putnam）在1967年发表的一篇著名文章。（'Time and Physical Geometry', *Journal of Philosophy*, 64: 240—247.）普特南使用了爱因斯坦对同时性的定义。像我们在第3章注释5看到的，如果地球与比邻星b相对于彼此运动，彼此靠近，地球上的事件A（对地球人而言）与比邻星b上的事件B是同时的，而事件B与地球上的事件C也是同时的（相对于比邻星b），那C就是A的未来。普特南假定"同时"意味着"现在是真实的"，并且推断未来的事件（例如C）现在是真实的。错误之处在于他假定爱因斯坦同时性的定义具有本体论价值，然而这只是方便性的定义。它可以确定相对论的概念，也许可以通过近似简化为非相对论的概念。但非相对论的同时性是自反与可迁的概念，而爱因斯坦的不是，因此在不考虑近似的情况下，假定二者具有同样的本体论价值，是没有意义的。

5. 物理学发现了现在论的不可能性，从而表明时间是个幻象，这是哥德尔提出的论证。（'A Remark about the Relationship between Relativity Theory and Idealistic Philosophy'，见于 *Albert Einstein: Philosopher-Scientist*, ed. P. A. Schlipp, Library of Living Philosophers, Evanston, 1949.）错误之处经常在于把时间定义为单一的概念体，要么全盘肯定要么全盘否定。莫罗·多拉托对这点讨论得很清楚（*Che cos'è il tempo?* , op. cit.: 77）。

6. 可参考 W. V. O. Quine, 'On What There Is', *Review of Metaphysics*, 2, 1948: 21—38。对实在的含义的精妙讨论可见 J. L. Austin, *Sense and Sensibilia*, Clarendon Press, Oxford, 1962。

7. *De Hebd.*, II, 24, cited in C. H. Kahn, *Anaximander and the Origins of Greek Cosmology*, Columbia University Press, New York, 1960: 84—85.

8. 爱因斯坦强烈支持一个重要论点，后来又改变了想法，这样的例子有：1. 宇宙的膨胀（最初嘲笑，后来接受）；2. 引力波的存在（最初认为很明显存在，然后拒

绝，后来又接受）；3. 相对论方程不允许没有物质的解
（长久辩护的结论，后来放弃了——是正确的）；4. 史
瓦西视界外空无一物（错误，虽然也许他从没意识到这
一点）；5. 引力场方程无法广义协变（与格罗斯曼在
1912年的著作中主张这一点；三年以后，又持相反意
见）；6.宇宙常数的重要性（最初肯定，然后否认——
前期的观点正确）……

8　以关联为动力

1.　描述系统在时间中演化的力学理论的一般形式由相空间
和哈密顿量 H 给出。演化由 H 产生的轨道描述，以时间
t 为参数。描述相对于彼此变化的变量演化的力学理论的
一般形式，由相空间和常数C给出。变量间的关系由C产
生的轨道给出，其中子空间C=0。这些轨道的参数没有
物理意义。详细的学术讨论参见 Carlo Rovelli, *Quantum
Gravity*, Cambridge University Press, Cambridge, 2004
（第3章）。简明的学术解释可参考Carlo Rovelli,
'Forget Time', *Foundations of Physics*, 41, 2011:1475—
1490, https://arxiv.org/abs/0903.3832。

2.　较容易理解的圈量子引力，可以参考《现实不似你所

见》。

3. B. S. DeWitt, 'Quantum Theory of Gravity. I. The Canonical Theory', *Physical Review,* 160, 1967: 1113—1148.

4. J. A. Wheeler, 'Hermann Weyl and the Unity of Knowledge', *American Scientist*, 74, 1986: 366—375.

5. J. Butterfield and C. J. Isham, 'On the Emergence of Time in Quantum Gravity', in *The Arguments of Time,* ed. J. Butterfield, Oxford University Press, Oxford, 1999: 111—168(http:// philsci-archive.pitt.edu/1914/1/ EmergTimeQG=9901024.pdf).

H. D. Zeh, *Die Physik der Zeitrichtung*, op. cit., *Physics Meets Philosophy at the Planck Scale,* ed. C. Callender and N. Huggett, Cambridge University Press, Cambridge, 2001.

S. Carroll, *From Eternity to Here*, Dutton, New York, 2010.

6. 描述系统在时间中演化的量子理论的一般形式由希尔伯特空间和哈密顿量 H 给出。演化由薛定谔方程 $i\hbar\partial_t\Psi = H\Psi$ 描述。测量 Ψ' 态后经时间 t 再测量纯态 Ψ 的概率由跃迁振幅 $\langle\Psi|\exp[-iHt/\hbar]|\Psi'\rangle$ 给出。描述变量相对于彼此演化的量子理论的一般形式由希尔伯特空间和惠勒–德维特方程$C\Psi=0$给出。测量 Ψ 态后测量 Ψ' 态的概率由振

幅 $\langle \Psi | \int dt \exp[-iCt/\hbar] | \Psi \rangle$ 决定。详细的技术讨论可参考 Carlo Rovelli, *Quantum Gravity*（第5章），简洁的技术版本可参考 Carlo Rovelli, 'Forget Time'。

7. B. S. DeWitt, *Sopra un raggio di luce*, Di Renzo, Rome, 2005.

8. 方程有三个：它们定义了理论的希尔伯特空间，该理论定义了基本算符，其本征态描述了空间量子与它们之间转化的概率。

9. 自旋是列举空间对称的SO(3)群表现的量。描述自旋网络的数学与普通物理空间的数学有着相同的特征。

10. 详细论证可参考《现实不似你所见》。

第三部分　时间的来源

9　时间即无知

1. 更准确地说是哈密顿量H，即能量是位置与速度的函数。

2. $dA/dt = \{A,H\}$，其中$\{,\}$是泊松括号，A是任意变量。

3. 比起我在文章中提到的微正则形式，玻尔兹曼的正则形式更易读：$\rho = \exp[-H/kT]$ 态由产生时间演化的哈密顿量H决定。

4. $H = -kT \ln[\rho]$ 决定了哈密顿量（最大为一个乘法常数），在这个方程下"热力学"时间从 ρ 态开始。

5. Roger Penrose, *The Emperor's New Mind*, Oxford University Press, Oxford, 1989; *The Road to Reality*, Cape, London, 2004.

6. 在量子力学术语中通常称为"测量"。这个语言同样具有误导性，因为它谈及的是物理实验，而非世界。

7. Tomita-Takesaki 定理证明，冯·诺伊曼代数的态定义了一个流（单参数模块自同构群）。科纳证明了不同态定义的流等价于内部的自同构，因而定义了只由代数非对易结构决定的抽象流。

8. 代数的内部自同构在上一条注释提及了。

9. 在冯·诺伊曼代数中，一个态的热力学时间就是Tomita 流！相对于这种流，这个态就是 KMS。

10. 参考 Carlo Rovelli, 'Statistical Mechanics of Gravity and the Thermodynamical Origin of Time', *Classical and Quantum Gravity*, 10, 1993: 1549—1566; Alain Connes and Carlo Rovelli, 'Von Neumann Algebra Automorphisms and Time Thermodynamics Relation in General Covariant Quantum Theories', *Classical and Quantum Gravity*, 11, 1994 : 2899—2918.

11. A. Connes, D. Chéreau and H. Dixmier, *Le Théâtre*

quantique, Odile Jacob, Paris, 2013.

10 视角

1. 这个问题有很多让人困惑的方面。一个精妙可信的评论可以参考 J. Earman, 'The "Past Hypothesis" : Not Even False', *Studies in History and Philosophy of Modern Physics*, 37, 2006 : 399—430。

2. Friedrich Nietzsche, *The Gay Science*, trans. with commentary by Walter Kaufman, Vintage, New York, 1974 : 297.

3. 细节可参考Carlo Rovelli, 'Is Time's Arrow Perspectival? ' (2015), in *The Philosophy of Cosmology*, ed. K. Chamcham, J. Silk, J. D. Barrow and S. Saunders, Cambridge University Press, Cambridge, 2017, https://arxiv.org/abs/1505.01125。

4. 在热力学的经典表述里，我们描述一个系统时，会首先指定一些我们假定可以从外部对其进行作用的变量（比如移动活塞），或者假定我们可以测量哪些变量（比如其组成部分相对集中）。这些是"热力学变量"。热力学事实上并不是在描述系统，它描述的是系统的这些变量：那些我们假定可以用来与系统相互作用的变量。

5. 例如，这个房间空气的熵取值是把空气看作同一种类，但如果我测量其化学组成，熵就会变化（减少）。

6. 当代哲学家 Jenann T. Ismael 阐释过世界的相对本性的这些方面，参见 *The Situated Self*, Oxford University Press, New York, 2007。Ismael也写了一本很棒的关于自由意志的书：*How Physics Makes Us Free*, Oxford University Press, New York, 2016。

7. David Z. Albert（*Time and Chance*, Harvard University Press, Cambridge, MA, 2000）提议把这个事实上升为一条自然定律，称之为"过去假说"。

11 特殊之处会出现什么

1. 这是另一个常见的令人困惑之处，因为收缩的云看似比分散的更"有序"。但并非如此，因为分散的云分子运动速度都很小（以有序的方式）。然而，当云收缩时，分子速度会增加，在相空间中扩散。在物理空间中聚集的分子在相空间中分散，这才是相关的一点。

2. 尤其可参考S. A. Kauffman, *Humanity in a Creative Universe*, Oxford University Press, New York, 2016。

3. 宇宙中这种相互作用的分支结构的存在对于理解局部熵增的重要性的相关讨论可见Hans Reichenbach，*The Direction of Time,* University of California Press, Berkeley, 1956。对于任何对这些论证有怀疑，或是有兴趣更深入地研究的人，赖欣巴哈的文章都是必读的。

4. 关于痕迹与熵的具体关系，参考Hans Reichenbach, *The Direction of Time*，特别是关于熵、痕迹、常见原因的讨论，还有 D. Z. Albert, *Time and Chance*, op. cit.。最近的研究可见 D. H. Wolpert, 'Memory Systems, Computation and the Second Law of Thermodynamics', *International Journal of Theoretical Physics*, 31, 1992: 743—785。

5. 关于"原因"对我们而言是什么含义这个难题，可参考 N. Cartwright, *Hunting Causes and Using Them,* Cambridge University Press, New York, 2007。

6. "共同原因"，赖欣巴哈的术语。

7. Bertrand Russell, 'On the Notion of Cause', *Proceedings of the Aristotelian Society*, N. S., 13, 1912—1913:1—26.

8. N. Cartwright, *Hunting Causes and Using Them*, op.cit.

9. 对于时间方向问题的清晰讨论，详见 H. Price, *Time's Arrow and Archimedes' Point*, Oxford University Press, Oxford, 1996。

179

12 玛德琳蛋糕的香味

1. Mil., II, 1, in *Sacred Books of the East*, vol. XXXV, 1890.

2. Carlo Rovelli, *Meaning = Information + Evolution,* 2016，
   https://arxiv.org/abs/1611.02420.

3. G. Tononi, O. Sporns and G. M. Edelman, 'A Measure
   for Brain Complexity: Relating Functional Segregation
   and Integration in the Nervous System', *Proceedings of
   the National Academy of Sciences USA*, 91, 1994: 5033—
   5037.

4. J. Hohwy, *The Predictive Mind*, Oxford University Press,
   Oxford, 2013.

5. 参考 V. Mante, D. Sussillo, K. V. Shenoy and W. T.
   Newsome, 'Context-dependent Computation by
   Recurrent Dynamics in the Prefrontal Cortex', *Nature*,
   503, 2013: 78—84，以及这篇文章中引用的文献。

6. D. Buonomano, *Your Brain is a Time Machine: The
   Neuroscience and Physics of Time,* Norton, New York,
   2017.

7. *La Condemnation parisienne de 1277*, ed. D. Piché,
   Vrin,Paris, 1999.

8. Edmund Husserl, *Vorlesungen zur Phänomenologie des*

inneren Zeitbewusstseins, Niemeyer, Halle a. d. Saale, 1928.

9. 在引用的文本中，胡塞尔坚持认为这不会构成"物理现象"。对一个自然主义者来说，这听起来像是对其原则的声明：他不想把记忆看作物理现象，因为他决定使用现象学经验作为他分析的起点。大脑神经动力学研究说明了现象在物理术语中显现自身的方式：我大脑现在的物理状态"保留"其过去状态，我们离过去越远，这种状态就越会衰减。可以参考 M. Jazayeri and M. N. Shadlen, 'A Neural Mechanism for Sensing and Reproducing a Time Interval', *Current Biology*, 25, 2015: 2599—2609。

10. Martin Heidegger, 'Einführung in die Metaphysik' (1935), in *Gesamtausgabe*, Klostermann, Frankfurt am Main, vol. XL, 1983: 90.

11. Martin Heidegger, *Sein und Zeit* (1927), in *Gesamtausgabe*, op. cit., vol. II, 1977, *passim* ; trans. as *Being and Time*.

12. G. B. Vicario, *Il tempo. Saggio di psicologia sperimentale,* Il Mulino, Bologna, 2005.

13. 这是一个相当常见的评论，可参考 J. M. E. McTaggart, *The Nature of Existence*, Cambridge University Press, Cambridge, vol. I, 1921。

14. *Lichtung,* perhaps, in Martin Heidegger, *Holzwege* (1950), in *Gesamtausgabe,* op. cit., vol. V, 1977, *passim.*

15. 对社会学奠基人之一涂尔干（Durkheim）而言，和其他类型的伟大思想一样，时间有其社会根源——尤其是构成其最初形式的宗教结构。如果时间概念的复杂方面即时间概念的"更外层"为真，那么拓展它以便把时间流逝的直接经验包含进来对我来说是很困难的：其他哺乳动物和我们有基本相似的大脑，因而能像我们一样体验到时间的流逝，却不需要一个社会或宗教。

16. 关于人类心理学中时间的基础方面的问题，可见威廉·詹姆斯（William James）的经典著作 *The Principles of Psychology,* Henry Holt, New York, 1890。

17. Mahāvagga, I, 6, 19, in *Sacred Books of the East,* vol. XIII, 1881. 关于与佛教相关的概念，我主要参考的是 H. Oldenburg, Buddha, Dall'Oglio, Milan, 1956。

13　时间的来源

1. 对于时间的这些方面，有一些轻松又丰富的阐述，可参考 C. Callender and R. Edney, *Introducing Time,* Icon Books, Cambridge, 2001。

安眠的姊妹

1. A. Balestrieri, 'Il disturbo schizofrenico nell' evoluzione della mente umana. Pensiero astratto e perdita del senso naturale della realtà', *Comprendre*, 14, 2004: 55—60.

2. Roberto Calasso, *L'ardore,* Adelphi, Milan, 2010.

First published in Italy by Adelphi Edizioni S.P.A. under the title L'ordine del tempo
by Carlo Rovelli, 2017
Copyright © Adelphi Edizioni S.P.A. Milano, 2017
Simplified Chinese edition copyright © 2019 by Penguin Random House North Asia
in association with China South Booky Culture Media Co., LTD.
All rights reserved.

著作权合同登记号：图字18-2018-420

图书在版编目（CIP）数据

时间的秩序 / （意）卡洛·罗韦利著；杨光译.—
长沙：湖南科学技术出版社，2019.6（2024.7重印）
ISBN 978-7-5710-0163-6

Ⅰ.①时… Ⅱ.①卡…②杨… Ⅲ.①物理学—普及
读物 Ⅳ.①O4-49

中国版本图书馆CIP数据核字（2019）第073585号

上架建议：畅销·科普

SHIJIAN DE ZHIXU
时间的秩序

著　　者：［意］卡洛·罗韦利
译　　者：杨　光
出 版 人：张旭东
责任编辑：林澧波
监　　制：吴文娟
策划编辑：董　卉
特约编辑：李甜甜
版权支持：辛　艳　刘子一
营销编辑：闵　婕　傅　丽
装帧设计：裴雷思　索　迪
出版发行：湖南科学技术出版社（长沙市湘雅路276号　邮编：410008）
网　　址：www.hnstp.com
印　　刷：北京中科印刷有限公司
经　　销：新华书店
开　　本：855mm×1180mm　1/32
字　　数：115千字
印　　张：6.25
版　　次：2019年6月第1版
印　　次：2024年7月第8次印刷
书　　号：ISBN 978-7-5710-0163-6
定　　价：68.00元

若有质量问题，请致电质量监督电话：010-59096394
团购电话：010-59320018